科学新视角丛书

新知识　新理念　新未来

身处快速发展且变化莫测的大变革时代，我们比以往更需要新知识、新理念，以厘清发展的内在逻辑，在面对全新的未来时多一分敬畏和自信。

性的起源与演化
——古生物学家对生命繁衍的探索

［澳大利亚］约翰·朗　著

蔡家琛　崔心东　廖俊棋　王雅婧　译

卢　静　朱幼安　审校

上海科学技术出版社

图书在版编目（ＣＩＰ）数据

性的起源与演化 ： 古生物学家对生命繁衍的探索 /
（澳）约翰·朗（John Long）著 ；蔡家琛等译. -- 上海：
上海科学技术出版社，2020.6（2024.10重印）
（科学新视角丛书）
ISBN 978-7-5478-4826-5

Ⅰ．①性… Ⅱ．①约… ②蔡… Ⅲ．①有性繁殖—研
究 Ⅳ．①Q132.1

中国版本图书馆CIP数据核字（2020）第081291号

First published in English under the title
HUNG LIKE AN ARGENTINE DUCK
Copyright © John Long 2011.
First published in English by HarperCollins Publishers Australia Pty Limited
in 2011. This Chinese Simplified Characters language edition is published by
arrangement with HarperCollins Publishers Australia Pty Limited, through
The Grayhawk Agency Ltd.
The Author has asserted his right to be identified as the author of this work.

上海市版权局著作权合同登记号　图字：09-2019-137号

性的起源与演化
——古生物学家对生命繁衍的探索

［澳大利亚］约翰·朗　著
蔡家琛　崔心东　廖俊棋　王雅婧　译
卢　静　朱幼安　审校

上海世纪出版（集团）有限公司
上海科学技术出版社　出版、发行
（上海市闵行区号景路159弄A座9F-10F）
邮政编码 201101　www.sstp.cn
上海盛通时代印刷有限公司印刷
开本 787×1092　1/16　印张 12.25　插页 4
字数 135千字
2020年6月第1版　2024年10月第2次印刷
ISBN 978-7-5478-4826-5 / N·202
定价：55.00元

献给希瑟

我要好的朋友、亲爱的妻子

还有热爱生活、钟情搜寻化石的伙伴们

序

我出生于阿根廷布宜诺斯艾利斯（Buenos Aires），并在那里长大。我敢肯定，这本书对阿根廷人极富吸引力。阿根廷人以独立的国家为傲，令他们更加自豪的是这个国家拥有最美丽的女子［甚至吸引过当时正在小猎犬号（HMS Beagle）上进行著名旅行的少年达尔文（C. Darwin）］和最美味的牛肉。可即使面对这三样宝，阿根廷湖鸭（*Oxyura vitatta*）的特性肯定会在阿根廷人霸王龙（*T. rex*）胃口般的虚荣心中，最有望成为这四者里面首先令人引以为傲的。对此我很高兴，因为这种古怪的鸭子拥有和其体长一致的阴茎，它不仅为我们展现了又一个令人震惊的自然奇迹，还促使我们对复杂生物结构的起源进行深入思考。

在加州大学洛杉矶分校（UCLA），我最近有一次关于鸟类早期演化历史的讲座（或者可以说是关于恐龙的晚期演化）。这次讲座中，一个意想不到的提问让我略感惊讶。当我结束报告后，有个年轻的女生向我提了个问题。这女生好像既不对飞翔于恐龙头顶的神奇动物感兴趣，也不关心那些与可怕霸王龙有很近缘关系的动物如何演变为造访我们花园的蜂鸟。恰恰相反，她只想知道剑龙（Stegosaurus）是怎么"做"的！震惊之余，我得当而又不失幽默地回答道："我认为还是有难度"——让拥有硕大而肥胖身躯、四条较短腿和一排耸立于背部的背甲和尾刺这样的生物轻松地交配。接着我又开始讲，为什么恐龙会有阴茎。此外，这些动物的体型，以及在某些情况下，它们身上精良的"装备"，都会提示我们，它们的生殖器会相当大——毕竟还没有人发现过恐龙的化石阴茎。尽管我最初的想法如此，但化石记录告诉我们，剑龙是恐龙中一个非常成功的类群，它们繁衍生息超过了 5 000 万年——这一记录毋庸置疑地表明，它们的交配也许不会像它可能呈现的那样困难。如此欣欣向荣的演化历史也突出了自然界中的一个事实，体型的确很重要！我们的演化生物学家非常在意体型，他们认为体型在演化中是一个不可否认的驱动力，并且在一部谱系演化的历史中，体型的改变一般早于或晚于结构及功能的变化。我们仅能猜测，并渴望了解关于生殖器形状和尺寸的改变，以及可能会发生的性行为。比如恐龙里的剑龙，它们有庞大的体型和周身繁丽的"装备"，这些都从它们那些体型相当小并且没那么华丽的祖先演化而来。

　　然而，就像本书如此生动描述的那样，两头剑龙亲密时刻的撩人画面，仅仅是性演化实验池塘中的一滴水罢了。仔细考察书页间丰富多样的性策略，会让我们觉得大自然对于我们少见多怪的事物有着极大的宽容。自然界中性的多样性堪称蔚为壮观。这部关于自然界中"性"之多样性的杰作，可以让我们深刻意识到，当谈论我们自身的性行为时，没有什么好觉得不自然的。

洛杉矶自然历史博物馆恐龙研究所

恰佩（L. M. Chiappe）

前言：性、死亡与演化

　　雪莱（P. B. Shelley）是英国当时著名的浪漫主义诗人，也是有史以来最杰出的抒情诗诗人。他在 1822 年 7 月 8 日不幸丧命于一场突如其来的海难。暴风雨倾覆了他的唐璜号（Don Juan）帆船，还带走了他的爱人——威廉姆斯（E. E. Williams）和船童——维维安（C. Vivian）。两年后，他的诗《泛舟塞尔基奥河》（*The Boat on the Serchio*）发表。这首诗被认为是雪莱给威廉姆斯的颂歌。他对性高潮的隐喻——"浪涛激荡而破碎，似恋人交融后的死亡"——抓住了性高潮体验中最本质的诗意之美。雪莱的诗句让人联想到了法语"极乐之死"（la petite mort）一词，它描绘了性高潮后几近死亡的感觉，死亡与性爱密切相连。

　　回溯至 17 世纪，那时的人们会定期围观公开执行的绞刑。毕竟，那个年代还没有电视或者报纸。定期观看如此可怕事件的人会注意到，这些可怜人经常会在他们的最后时刻里勃起。在死亡后，通常会即刻伴随有射精。近年来医学已经证明，头部缺氧会刺激性欲。用正电子发射断层摄影（PET）扫描性高潮时的人脑，其图像表明特定区域（眶颞区*）血液供给的减少会对行为有指导作用。吉森大学（University of Giessen）的维尔特（D. Vaitl）和他的同事回顾了大脑在意识变化时的活动[1]，他们讲述了在性高潮时大脑如何经历一次短暂的意识丧失，实际上是射精时的濒临死亡之感。再加上一些著名的性窒息案例，性伴侣（或其中一方）试图通过几乎让对方窒息的方式来增强高潮强度。尽管来自 INXS 乐队的澳大利亚摇滚明星迈克尔·哈钦斯(Michael Hutchence) 可能是一个备受瞩目的例子，但最臭名昭著的莫过于一个名叫阿部定（Sada Abe）的日本女子。1936 年 5 月 18 日，阿部定用和服上的宽腰带勒死了她的情人石田吉藏（Kichizo Ishida）。就在几天前，这对情侣在高潮时反复用腰带在高潮时掐断对方的呼吸以增加高潮强度。然而，在杀死她情人之后，阿部割下他的阴茎和睾丸，并在接下来的三天里把它们放在她的手提包里，直到被捕。也许，这样的行为确实把追求快感推向了极致，但这个故事也展示了人类性行为的复杂和高度多样性。有时，对快感的极致追求会导致我们自身的死亡，就像雄性螳螂的命运一样，但在绝大多数情况下，这种追求促进了物种的繁衍，扩大了我们的遗传变异，这正是它原本的作用。

性与死亡的关联从本质上讲在于演化。虽然演化是个复杂的过程，但本质上它是物种在漫长时间里为适应环境变化逐渐演变为另一物种，或者发展出能增强繁殖能力的内部变化的过程。在达尔文[3]时代，尽管他的确认为性选择是演化的一个重要驱动力，但是演化大体上被视为"物竞天择"。时至今日，生物学家认为有机生命复杂的生殖行为和

---

* 相当于眶骨及颞骨所在的脑区域。——译者注

生理机能已随时间而演化得精巧细致。地球上的生物预估在 2 000 万至 4 500 万种间，其中有正式描述的不到 5%（虽说 99% 的物种是昆虫、无脊椎动物、细菌和其他微生物）[4]。能够有如此绚丽多彩的生命世界，主要得益于行之有效且代代相传的生殖方式。生命最早出现于约 38 亿年前的地球上，是一种原始但可自我复制的 RNA 链。演化至今，生命以人类的躯壳且变幻莫测的容貌，达到了其所能够呈现的巅峰。

　　人类拥有漫长而复杂的演化故事，关于它的开端说法不一，因讲述人的不同而略有差异。我最爱从 5 亿年前最早的脊椎动物讲起，并且坚定地认为，人体蓝图约在 3.6 亿年前泥盆纪的鱼类中，已经得到了不错的绘制。在泥盆纪，最进步的脊椎动物与我们有着相似的框架。它们的头骨上包含一些我们也有的骨头（比如，额骨和顶骨、齿骨及上颌骨）；它们有着和我们相似、由椎骨和肋骨构成的刚性脊柱；它们的前肢和后肢与我们的胳膊（肱骨、尺骨、桡骨）和腿部（股骨、胫骨、腓骨）的一些骨骼相同。那些进步的肉鳍鱼（拥有成对强壮鱼鳍的鱼，鱼鳍由一系列粗壮的骨骼支撑）有着多心室的心脏、在某种程度上可以呼吸空气的肺，以及所有为进军陆地而作出的必要改变。拥有这些利器的它们，后来就演化出了手指和脚趾，变成了早期的"四足类"[5]。四足类包括所有的两栖类、爬行类和鸟类——是最早长有四肢的一类生物。不过它们进化的方向不尽相同，有一些又失去了"手指"或者"脚趾"，部分甚至失去了所有的肢体（比如蛇）。一旦这些早期四足类离开了水生环境而进军陆地，那么之后因演化带来的大部分改变，都是对此时身体架构的微调，而非质的跃迁。

　　因此，在从爬行类至哺乳类和从早期哺乳类至灵长类的演化中，骨骼框架和形状的改变微乎其微。我们人类所在的人属（*Homo*），最早出现于大约 240 万年前的非洲；而现代人，也就是智人（*Homo sapiens*），则大致出现于距今 30 万至 20 万年前。在那个阶段，现代人的总人口数量达到了一个瓶颈。据我们对 DNA（或称脱氧核糖核酸——构成生命的独特化学基础，是所有生物所共有的）的研究，约在 100 万年前仅有 2 万现代人[6]，而那是我们现在 70 亿地球居民的先祖。毋庸置疑，生殖对于我们人类能统治地球而言是不可或缺的。

我们对人类和其他动物性行为的了解，几乎都源于行为观察、医学解剖、基因检测和室内实验。所有动物通过其共有的 DNA[7]而相连，故通过研究它们的演化，可以为弄清动物如何及何时可能具有某种性行为提供有趣的证据。我们还可以研究某一物种（与其他物种）DNA 的相似程度，借此可以推断某一物种在时间轴上的演化途径，或是识别出动植物主要谱系分离的节点（或时间）。举个例子，人类与黑猩猩的 DNA 在排除分子的突变率后，其相似度可达 98%。通过这个相似度，可以对我们与黑猩猩演化上分离的时间进行估算。这一相似度表明，我们与黑猩猩在 700 万至 600 万年前从同一祖先分为两支继续演化。对于这种推测的检验办法就是寻找化石[8]证据。我们在野外寻找化石遗存，并且通过同位素定年法确定化石埋藏的精确时间。在大多数情况下，化石为曾经在此生活的生物之骨骼或印痕；较少时候会保存有一些软组织；极个别情况下，可为我们提供重建远古行为的窗口。

写这本书的想法源自我们的发现。我们这群研究化石的古生物学家，发现了一些极为稀有的化石。这些化石为我们提供了一个了解远古脊椎动物性行为起源的一个令人叹为观止的窗口。利用这些研究成果，我想借助我们在野外和实验室的那些重大发现，讲述性行为在我们脊椎动物谱系中初始演化的故事，并阐述我们如何得出这些结论。这将占据本书的前 8 章。虽然有一部分主要是自传式叙事，但也尽可能展现我们如何从事科研，我也向大家讲解新发现是如何被正式发表及公布的。

在余下的章节里，本书回顾了我们对其他化石有关性解剖及性行为方面实际所了解的内容。这些化石来自不同的年代、不同的物种，从 5.6 亿年前的藻类到 1 亿年前 100 吨的恐龙，以及哺乳类和人类。有些信息并"不"直接由化石讲述，而是由关于精子竞争和演化发育生物学的研究所揭示。这些在最后两章也会涉及，作为对前面章节的补充。

"阴茎"一词被一些生物学家用来特指哺乳动物的雄性生殖器，但是在本书中，我用此词泛指所有雄性用于将精子传输至雌性体内的生殖结构。当然，倘若这些结构有专业术语，我会优先使用这些名称，比如昆虫的称为阳茎，鲨鱼的称为鳍脚。

在一些亲缘关系较近的现生生物中，存在着极不寻常的性行为。这些引人注目的行为向我们展现了动物性行为的广度与深度，并且可以为我们推测一些史前生物如何交配提供思路。而生殖器演化的主题，最终将归于对一点的探索，即生殖结构的演化与现生动物形态各异的生殖器之间的关联。

在戴蒙德（J. Diamond）[9] 经典之作《性趣探秘》（*Why Is Sex Fun*）中，对人和其他灵长类（大猩猩、黑猩猩、红毛猩猩和猴子）进行了对比。在距我们亲缘关系最近的灵长类——类人猿中，存在着较高级的社会行为。戴蒙德向我们证明，由此类社会行为出发，再加上在雌性生理上从可见排卵特征至隐藏排卵信号的演变，可以很好地解释我们常见的大多数人类性行为。近年来，各种曾被认为专属于人类而与众不同的性行为（因为它们似乎与增强生殖能力无关），在各种各样的野生动物中被发现，从"男同"企鹅到"女同"鸵鸟*，从有恋尸癖的蛇到进行轮奸的针鼹，乃至会口交的果蝠。基于最近发表的科学论文，我们在此都会加以介绍。

这本书不打算涵盖所有谱系动物的性行为，而是更加关注化石中的信息。它要讲述我们可以从化石中看到的性行为，以及这些性行为是如何从化石先祖传递至现生后裔的［关于动物性行为的概述，我推荐温蒂班克（S. Windybank）[10]的《野性》（Wild Sex）］。动物界中性行为的演化丰富多彩。本书所介绍的内容，旨在证明人类行为和动物行为之间的差距，并不像许多人想象的那么大。

最后，我希望这本书能让你从另一角度理解我们自身的演化，尤其是性行为的迷人之处。恰似云端的雄鹰鸟瞰世界，如此摄人心魄的演化之景，唯有从灵长类动物回溯到脊椎动物的起源之初方可观之。我希望读者能够欣赏这里的壮阔景色，而不是做个嗜好偷窥的非礼之徒。

约翰·朗

2011 年 1 月

＊"男同""女同"分别喻指雄性和雌性同性恋。——译者注

目 录

序

前言：性、死亡与演化

第 1 章　阿根廷湖鸭的大男子主义　001

第 2 章　化石之母　013

第 3 章　褶齿鱼式社交　025

第 4 章　向女王宣布发现远古之爱　035

第 5 章　古生代的生父之谜　044

第 6 章　找到鱼爸爸　056

第 7 章　泥盆纪的卑下与龌龊　066

第 8 章　盾皮鱼侧身做爱　074

第 9 章　古老性行为之黎明　083

第 10 章　性和单身的介形类　092

第 11 章　海滩上的浪漫　102

第 12 章　恐龙的性爱及其他"重量级"发现　110

第 13 章　我们不过是哺乳类　　124

第 14 章　精子战争：化石无法告诉我们的那些事　　141

第 15 章　从鳍脚到阴茎：我们走过了漫长的旅程　　150

结语：生物学最大的谜团　　157

参考阅读　　160

致　谢　　174

译后记　　177

图　版

阿根廷湖鸭的大男子主义

时间就是构成我的物质。

时间就是卷裹我向前的河流，不过我就是那条河；

时间是撕碎我的老虎，不过我就是那只虎；

时间是吞噬我的烈火，而我就是那团火。

——博尔赫斯（J. L. Borges，1899—1986，

阿根廷诗人、散文家）

雄性阿根廷湖鸭[1]（南美硬尾鸭，*Oxyura vittata*；见图版第 1 页彩图 1）有着与它整个身躯同样长的阴茎。普通大小的湖鸭，阴茎最大长度是 1.3 英尺（39.6 厘米）。这一结果是由阿拉斯加的北极生物学研究所（Institute of Arctic Biology）＊生物与野生动物系（Department of Biology and Wildlife）的麦克拉肯（K. McCracken）博士领导的动物学

＊ 该研究所隶属于美国阿拉斯加费尔班克斯大学（University of Alaska Fairbanks）。——译者注

家团队发现的。

在整个脊椎动物界，相对于动物自身的体型，这种鸭子的螺旋状阴茎是已知最大的了。即使是体长超过 100 英尺（30 米），而阴茎伸出身体可达 8 英尺（2.5 米）的雄壮蓝鲸，在整体比例上也比不过这只小鸭子。（当然我们要知道，试图测量蓝鲸勃起时的阴茎[2]，会遇到很大的问题，因为它们只有当因交配而性欲高涨时才会勃起，况且当雄鲸正拼命地要把它的阴茎插入它大伴侣的阴道中时，也很少有人敢在旁边拿尺子去测量。自不必说，这些数据只是来自附近观察者的估计。也可参见图版第 1 页彩图 3。）

为了引起您的兴趣，确实应该在本书开头阐明的重要事实就是，人类男性阴茎的长度范围在 5.1 到 5.9 英寸（13 到 15 厘米）之间（95% 被测男性都在此范围内）。正式记录在案的人体最大阴茎尺寸为 13.5 英寸（34.3 厘米）长，周长为 6.2 英寸（15.7 厘米）。这一特殊测量成果的荣誉，归于美国著名的产科医生和妇科研究者迪金森[3]（R. L. Dickinson）博士。他（1861—1950 年）不仅是一位多才的医学家和外科医生，而且是一位热心的公共卫生教育家，更是一位才华横溢的作家和艺术家。他为他在旅途中偶然见到的非凡事物描摹、绘制或者制作雕塑。他的许多作品已经出版，有些作品则被保存在华盛顿特区的国会图书馆。然而，让他声名鹊起的是，他是第一位引入现行妇科许多手术常规标准的外科医生，例如在分娩后剪断脐带之前给新生儿的脐带进行结扎。他也是最早获得患者详细性史的医学研究人员之一，他经常利用自己的艺术才能精确地画出许多患者的生殖器。在他一生中，记录了大约 5 200 个案例。因此，他显然是当时生殖器大小和形状变化的顶级专家。他对人类中已知最大阴茎（所有者不详）的测量数据，是在 1900 年左右得到的，因此我们大可放心，那不会是时下外科隆大手术的产物。

事实上，在我们的近亲大猿中，人类是阴茎尺寸的纪录保持者。雄性大猩猩勃起的阴茎大小仅为 1.5 英寸（3.8 厘米），而红毛猩猩只略大，但黑猩猩的尺寸大约是它的两倍。

对猿类生殖器的初步研究，揭示了不同种群的睾丸大小和精子数量的显著差异。毫无疑问，这与它们的交配频率有关，也与它们所处的社会等级直接相关。澳大利亚墨尔本大学（Melbourne University）的肖特（R. Short）教授于 1977 年发表了其在该领域的开创性成果[4]，揭示了尽管黑猩猩的体重只有大猩猩的 1/4，但其睾丸却比大猩猩的重了 4 倍。雌性黑猩猩在发情期间（生育高峰期）经常与一个以上的雄性交配，大猩猩却没有这一现象，因此黑猩猩在产生较多的精子上具有优势，以确保交配成功。从这些开创性的观察得出了一种在鸟类和其他哺乳类中观察到的基本自然规律，我们将在后续篇章中继续讨论。

那么回到我们的拉丁裔小鸭子身上。为什么在所有的生物中，这种鸭子会需要演化出脊椎动物中最长的雄性生殖器官？麦克拉肯博士在 2001 年公布了阿根廷湖鸭更长的阴茎尺寸。他这么做的主要原因是，以前测得的阿根廷湖鸭最长阴茎只有大约 8 英寸（20 厘米），因此当发现受重力拉伸而比 8 英寸的阴茎长了近 7 英寸（17.8 厘米）的另一只鸭子的阴茎时，确实称得上意外之喜。该文作者推测，也许这有点像孔雀的尾巴，雄性可能试图利用其精致的羽毛给雌性留下深刻的印象，以便雌性可以选择更好的配偶。同样，作为展示性能力的一部分，雌性阿根廷湖鸭可能会选择阴茎更大的雄性。可以这么说，达尔文所阐释的性选择过程，可能会促使雄性达到极端的阴茎长度。

实际上，我们对阿根廷湖鸭的性事知之甚少。雄性会把阴茎一直置之不用而不伤害雌性吗？可能并不会，尽管据报道称，这些鸭子喧闹且滥交。其实阿根廷湖鸭的阴茎上覆满尖刺，只有尖端柔软而且呈刷状。这样的尖端可能起到了另一种功能作用，即配合尖刺，像洗瓶刷一样把前一个雄性的精子刮掉，从而确保正在交配的雄性用最合适的瓶刷状的阴茎使雌性受精，并传递自己的基因，以赢得演化竞争。

所有的性选择都可以通过数量与质量博弈的概念来简单概括。具有几乎无限量精子的雄性，想要尽可能多地使雌性受精，以扩散它们的基因；而在诸多情况下，只有有限量卵子的雌性，只需要确保自身获得最优质的精子即可。

不同于智人炫耀般的外生哺乳类阴茎，鸭子的阴茎是由臀部内侧的软组织挤出形成的，当激起性欲时，就会通过兼具肛门与生殖管功能的开口处伸出，后者被称作泄殖腔（cloaca，源自拉丁语，意为"下水道"）。不同于哺乳类以阴茎充血为常见勃起方式，鸭子则是通过填充淋巴液来使阴茎勃起。鸭子的阴茎还有一种有趣的能力：它们可以从鸭子的身体中爆发出来。

2009 年，来自耶鲁大学（Yale University）的布伦南（P. Brennan）及其同事 C. 克拉克（C. Clark）和普兰（R. Prum）在知名科学期刊上发表了一篇论文，探讨了这一爆炸性的发现。他们的研究对象是雄性番鸭（疣鼻栖鸭，*Cairina moschata*），以其鲜美的肉质以及它们阴茎的外翻速度（外翻指它们巨大的螺旋状阴茎的伸展或收缩）在养鸭场被广为饲养。第一步是研究专业的"催情鸭"*如何收集精液，以便进行人

---

* 在养鸭场进行人工授精的工人。——译者注

番鸭的阴茎外翻快达 75 英里 / 小时（120 千米 / 小时）（约翰·朗供图）

工授精。在繁殖季节，通过引入雌鸭来唤起雄鸭性欲。随着雄鸭骑在雌鸭上，雄鸭的泄殖腔区域开始膨胀，表明它准备交配。随后，"催情鸭"把雄鸭从雌鸭身上拉下来，同时拿起一个特制的螺旋形玻璃罐，迅速接触兴奋的雄鸭泄殖腔，以便在阴茎从体内爆发出来时抓住阴茎，并收集阴茎在完全伸展时射出的精子。在实验室里，研究人员观测了这一现象，发现全长 8 英寸（20 厘米）的鸭子阴茎从泄殖腔内部伸展到外面并完全勃起，仅需 0.348 秒[5]（下次你沿着高速公路以时速 75 英里行驶时，就可以认为你的速度和番鸭竖起阴茎的速度一样快）。

番鸭实验突出了哺乳类和鸟类阴茎之间一个基本的差异，并回避了一个问题：哺乳类阴茎的演化，与鸭子以及其他动物阴茎的演化是不是分开的？如今大多数动物学家认为，确实是分开的。更重要的是，它还引出了何时、何地以及为什么通过性交方式来进行交配的问题。你可以设想一下，有一天，一个男性原始人决定将他身体的一部分放入一个女性身体相当微妙的区域内，然后认为，这件事让他兴奋到射精。这个想法真的很奇怪！因此，通过交配来实施亲密性行为的演变，在行为学和生理学方面提出了许多有趣的科学问题，而且从演化的成功性上来看，也是如此。

为了探索这些问题，我们有两个主要信息来源。首先，我们从现生的动物世界观察动物如何以及为什么交配，还有它们相对取得成功的程度，或者叫作"适应性"，而生物学家喜欢称之为成功性。其次，我们拥有地球史前生物的化石记录，通常可以通过对这些远古骨骼、植物和印痕的科学解释，来生动地讲述这些生物的故事。例如，来自蒙大拿州（Montana）距今大约 3.3 亿年的两条鲨鱼的化石，展现了雌性咬着雄性硕大而悬垂的头棘刷*准备交配的情景。

十年前如果有人告诉我，我将成为亲密性行为之起源的专家，我的反应就是一笑而过和不以为然。然而，我和我的同事团队现在已经发表了一系列论文，证明了我们在过去 25 年中所取得的非凡发现。这些发现不仅揭示了我们远古祖先在交配中性亲密的起源，还揭示了世界上第一个雄性脊椎动物交配器官错综复杂的结构。这些发现对于理解人类自身的演化确实意义重大，然而这项工作最有趣的部分是通过一系列非比寻常的化石发现的，尤为特别的是展示了雄性生殖器是如何演变的。

为了解释这个故事，我们不得不做一些很奇怪的事情，比如导演世界上第一部关于远古生物交配的电影，并以交配为题，向博物馆董事会成员做一个明晰的报告。

这一系列复杂化石之首次发现，可追溯至 1983 年。当时我还是在墨尔本（Melbourne）莫纳什大学（Monash University）攻读博士学位

---

* 这里指镰状镰状鲨（*Falcatus falcatus*），头部背侧有巨大的棘刺，且在末端有刷状结构。——译者注

的一名古生物学专业学生。我被古老的装甲巨兽"盾皮鱼"所迷住，其名意为"覆甲的皮肤"。这种鱼因头部和躯干覆盖有厚骨片而得名。在大学时代，我有一些保存极佳的整条鱼化石标本，其中很多源自一个从未在盾皮鱼里面出现过的类群。该类群被称作"叶鳞鱼类"——意指"叶状鳞片"，因为它们的骨片薄且宽，表明它们是一种相当扁平的鱼类，就像一条身披铠甲的鳎鱼。在这个神秘的类群中，诸如下颌部分和尾部等的解剖学特征，是首次得到研究。该标本代表了一个新的属，我将其命名为 *Austrophyllolepis*。在此发现之前，只确认了该类群的一个属，即 *Phyllolepis*（叶鳞鱼），而且它主要代表的是在北半球化石点发现的这类鱼，特别是在苏格兰、东格陵兰、北美、俄罗斯以及欧洲。因此我为新属取名为 *Austrophyllolepis*，意即南方叶鳞鱼。

尽管当时我怀疑正在研究的南方叶鳞鱼腹鳍部分可能与生殖有关，但是我当时缺乏统计数据以供深入研究（只有少量保存较好的标本）。之后在 1986 年 8 月，我带领一支考察队前往西澳大利亚北部、如今著名的戈戈（Gogo）化石点，涉及脊椎动物生殖起源的重大发现就此公诸于众。

在那段日子里，作为一名 29 岁刚从大学毕业几年、满怀着热情的人，我渴望在古生物学界竞争激烈的世界中证明自己。通常情况下，人们会去世界上一些偏远且危险的地方进行重大考察，以期找到什么明显重要的东西，就像卡特（H. Carter）发现图坦卡蒙法老墓，或者埃文斯（A. Evans）在克里特岛上发现米诺斯文明 * 一样。但是在那次失败的探险中，我迎来了在化石界出名的一个大机遇。那是我的发现之一，就算再过 20 年也无法完全破解其中的奥妙。

---

* 图坦卡蒙法老是距今 3 300 多年前一位重要的古埃及君主，其陵墓是当今被世界珍视的文物。米诺斯文明是在距今将近四五千年前出现于希腊地区的文明。——译者注

戈戈（Gogo）化石点位于金伯利（Kimberley）地区*的内陆小镇菲茨罗伊克罗辛（Fitzroy Crossing）附近，距离珀斯（Perth）**以北约4天车程。这是一片典型的草场，周围是壮观的锯齿状灰岩山脉，点缀着瓶形的佛肚树，以及一些头发散乱的波希米亚主义者***。现在那里是一片近60英里（100公里）的辽阔牧场，而就在这里，3.8亿年前则是一片穿过赤道的藻礁，曾经繁育了无数的奇异生物。有大量的原始鱼类、珊瑚、海绵和贝类、被称为棱菊石的盘曲的鱿鱼状古老动物；以及大群有着双瓣壳类特殊甲壳的奇异的虾，它们不同于现今的虾，而是有着一系列像洋葱圈般的体节。现今，在戈戈点位的这些保存完好的鱼类和甲壳动物遗骸，被包裹在散布于山谷地表的圆形灰岩结核（或小结核）中（见图版第1页彩图2）。

伦敦自然历史博物馆（Natural History Museum of London）、西澳大利亚博物馆（Western Australian Museum）及格拉斯哥亨特博物馆（Hunterian Museum of Glasgow）于1963和1967年共同组织开展了对这个点位的首次科考。其后，澳大利亚博物馆（Australian Museum）和矿产资源局（Bureau of Mineral Resources）又于20世纪70年代初对那里进行了短期考察。

1986年，我和我的志愿者团队进行了第一次考察。在我们寻找到任何有价值的东西之前，花费了差不多整整一周的时间。只有大约千分之一的结核中含有鱼化石，而且一旦开裂，为了室内的测量工作，我们还要将它们粘在一起。我们会用一把小锤敲打结核，来看看里面

---

　*　西澳大利亚州的9个地区之一，位于西澳大利亚北部，与南非金伯利钻石矿区同名。——译者注
　**　西澳大利亚州首府。——译者注
　***　Bohemianism：特指一些四处漂泊、不太注意个人卫生的人。该词源自法国人对波希米亚的吉卜赛人的刻板印象。——译者注

是否存在化石，但是很快我们发现，大多数结核里面没有化石。科学家们会像任何自我怀疑的艺术家或者作家那样，经受同样的情感波动。有一段时间，整个考察彻底失败的阴郁想法弥漫于我脑海中，因为前期的考察队已经扫荡完了所有好的化石。加之我仓促采购的越野车多次发生故障，有两次把我们撂在无线电都无法联络的地方，我们两人不得不步行 10 英里（16 公里），穿越沙漠去高速公路，然后搭便车到镇上找汽车修理工（我记得有一条饥饿的澳洲野犬跟着我们，可能以为我们迟早会成它们的口中餐）。那段时间的境况真的很不妙。

　　在金伯利的太阳炙烤下，经过一周左右艰苦工作，我们最终偶然发现了在上次考察中未被彻底搜查过的戈戈结核区域。我记得早先的那些日子，当我们开始找到完好的新标本，而且每天都会有非同寻常、很可能是新物种的标本加入我们的收获之中时，真的极为激动。到考察结束时，我们收集了大量完好的标本，其中包括超过 150 个鱼类和许多甲壳类的，但最重要的是，我们发现的戈戈鱼类化石因其独具的保存环境[6]而非常特别。大多数鱼类化石（约 3.8 亿年）产在页岩层间而被压成了片状，但是戈戈点位的鱼类骨架被完整而立体地固结在灰岩结核中，这就让我们可以利用弱酸性溶液，取出岩石中的骨骼。这种方法能够缓慢而温和地把灰岩溶解掉，留下脆弱的骨骼以完美的形式呈现出来，正好像在星期五的鲷鱼晚餐中，你可能会把吃完肉后的骨架留在盘子里。骨骼露出以后，就把它们用塑料胶硬化，然后重新浸入酸液中，直到所有的岩石都溶解，只剩下骨骼。接着重新组合骨骼部分，以制成三维立体的完美骨架。在某些情况下，我们将整个鱼骨架精心嵌入两块丙烯酸树脂或者环氧树脂块中。当包覆鱼骨的岩石被溶解掉时，就会显示出从相互关联的骨架中延伸出来的微小骨骼[7]。

野外考察归来后，当我在处理新化石，记录下我能够鉴定的一些新特征时，仿佛置身于天堂。我们发现的最常见鱼类化石，是盾皮鱼的遗骸。这种鱼类作为地球上主要的脊椎动物，统治了世界上的海洋、河流和湖泊近 7 000 万年，但现在几乎没有人听说过它们（问几个朋友看他们知不知道盾皮鱼是什么，你很快就明白了）。大多数科学家认为，盾皮鱼位于所有有颌类脊椎动物演化树的基部（人类处于树顶部）。因此，除少数几种无颌的七鳃鳗和盲鳗外，它们比涵盖了整个现生鱼类的鲨鱼和硬骨鱼类都更原始[8]。

其中一块小型盾皮鱼的化石长约 5 英寸（12.7 厘米），并在圆形结核的两侧各保存有化石的一半。在刚发现的时候，我只是粗略地看了一下，并用记号笔在岩石上标记为"古鳕类"———一种古老的辐鳍鱼（这类鱼在现生鱼类中占绝大多数，形如鲑鱼、金鱼和马林鱼，它们所有的鳍均由骨质鳍条支撑）。回到实验室我仔细鉴定了一下，确定它实际上是一种特殊的盾皮鱼———一种褶齿鱼。我将鱼骨骼的每个暴露面，都嵌入环氧树脂板中，然后将骨头从岩石中提取出来，并确保它们仍嵌在塑料树脂中，以保持鱼骨骼在两侧的位置不变。

它似乎是一种已经被描述过的褶齿鱼，以加氏小梳尾鱼（*Ctenurella gardineri*）[9]的名字而为人所知。之前在戈戈发现这种鱼的标本，最初的研究是我的澳大利亚同事扬（G. Young）于 20 世纪 70 年代中期在伦敦的博士工作的一部分，并于 1977 年，由他和他的主管———伦敦自然历史博物馆的迈尔斯（R. Miles）共同正式发表。所以，对这个标本的进一步研究，并不是我的首要任务。我把它放在一边，直到差不多 10 年以后，也就是 1995 年夏天，才在北半球又观察了一次。

那一年，我有幸在坐落于美丽的巴黎植物园内的国家自然历史博物馆（Musee Nationale de Histoire Naturelle），作为一名访问学者度过了 4 个月。我住在一个曾经住过一位著名法国古生物学家——耶稣会神父德日进（T. de Chardin）的房间里——那是我的童年英雄之一。每天，我在古老的法国自然历史博物馆的地下室里，在布满尘土的藏品中，都会收获有趣的新发现，还跟其他鱼类化石专家如让维耶（P. Janvier）、古热（D. Goujet）和勒列夫尔（H. Lelievre）进行了精彩的讨论。我在那儿的大部分时间，都用于跟他们进行思想的碰撞和探索。

在那座博物馆，我有幸研究一些产自德国、保存完好的名为小梳尾鱼（Ctenurella）的褶齿鱼目鱼类化石。事实上，这些化石属于第一批被命名为小梳尾鱼属的化石，包括一些头骨和颌部均完好无损的很好标本。在研究这些早期标本时我很快意识到，挪威古生物学家厄尔维格（T. Ørvig）在 20 世纪 60 年代早期发表的对它们的原始描述[10, 11]，在重建头骨顶骨模型方面犯了一个根本性错误。这意味着我的澳大利亚戈戈产地标本，虽然当时也称为小梳尾鱼，但实际上与最初的小梳尾鱼化石有很大差别。这对我来说是一个真正的启示，因为这就意味着我的小戈戈化石现在可以理所当然地定为一个新属，以与之区分清楚。在编写德国化石详细说明的修订版时，我还提供了关于先前描述的戈戈标本的新数据，并将我的褶齿鱼重新放入一个新属，且把这个新属命名为南方褶齿鱼属（Austroptyctodus，意为"南方的褶齿鱼"）[12]。在我的论文中，我描述并绘制了被我亲切地称为 WAM 86.9.886 标本的图像，这个标本是我在 1986 年采集的，并将其嵌入到两块树脂板中。

　　论文于 1997 年在法国博物馆的期刊《地质多样性》（*Geodiversitas*）上发表之后，我转向其他更紧迫的项目，而忘记了它。那时，我在珀斯西澳大利亚博物馆担任脊椎动物古生物学的策展人，所以这个标本于 1999 年晚些时候与公众见面，直到今天仍在壮观的"从钻石到恐龙"展廊中展出。

　　我几乎没有料到，这个小小的标本会于 10 年之后，再度出现在我的生活之中。

第 2 章

化石之母

昨夜我陷入沉思：

发现未知之物的人究竟谁创？

它乱我心神。

——达尔文（1792—1896 年）《百年家书》

2004 年末，在政府部门任职 15 年后，我辞去了在西澳大利亚博物馆的古脊椎动物策展人一职，转而在我家乡的墨尔本博物馆（Melbourne Museum）担任科学主任。2005 年年中受澳大利亚研究理事会（Australian Research Council）资助，我们再次对戈戈地区进行了考察。考察很成功，带回了大量引人注目的新化石，并对其进行修整和研究。

我清楚地记得 2005 年 7 月 7 日的那一刻，我们发现了一块特别漂亮的小的鱼化石。当时万里无云，金伯利的炎炎烈日无情地照射着我们。我的老搭档哈彻（L. Hatcher）在离我约 160 英尺（50 米）远处，专心扫荡着地面。哈彻是巴瑟尔顿（Busselton）* 当地人，对寻找化石一直满怀热情。在西澳大利亚多次野外化石采集中，他都是我的得力助手。下午三四点，哈彻用他自己的锤子砸开了一块岩石，突然发现有一小块白色的骨片在阳光下闪闪发亮。于是他叫我过去，我借助放大镜进行了观察。

"就是个盾皮鱼。"我轻描淡写地说。然后他就贴了标签，包上报纸，装进袋子里。那天晚上在篝火旁，我照例给那块骨片加上了日期、地点代码和编号。那块化石在我们看来平淡无奇。直到 2 年以后，它在古生物实验室里被修整时，才得到幸运女神的眷顾。当它从岩石中被修整出来以后，我们窥见了它非同寻常的奥秘。

2007 年 11 月，这块化石历经 3.75 多亿年头一次见到了阳光。哈彻发现的鱼化石，大部分是从岩石里修整出来的，就如同白色纸箱里散着一堆精致的小骨头。这块鱼化石的头部及内部结构保存完整。我意识到这是一件重要的标本，故而邀请了我的同事特里纳伊斯蒂奇（K. Trinajstic）博士从西澳大利亚大学（University of Western Australia）过来，和我一同对化石进行描述。我们迫不及待地轮流用双目显微镜观察这块奇特且保存精美的鱼化石。我们勾勒它的特征，用电子游标卡尺测量它骨片的大小，不断探寻发现它独有的特征。

它头骨独特的样式告诉我们，这条鱼是一个新的属种。"属"一词用于描述亲缘关系紧密的动物或植物类群。举个例子，狮、虎和美洲豹是非常相似的动物，所以它们都归于豹（Panthera）属，但它们代表

---

* 西澳大利亚州西南地区的一座城市。——译者注

着不同的种［狮是豹属狮种（*Panthera leo*），虎是豹属虎种（*P. tigris*），而美洲豹是豹属美洲豹种（*P. onca*）］。每个物种都拥有各自独特的形态特征、行为以及其基因和 DNA 中的遗传特征。像植物学和动物学那样，在古生物学里，发现一个新的种或属一般来说是一个有重大意义的时刻，因为这样我们就能为地球上已知的生物多样性再添一笔。而且只要你率先详细地描述了它，你就能赋予此新物种一个在科学文献中有效且亘古不变的名字。这难道不是件超酷的事情吗？

这块化石属于褶齿鱼类。这类小鱼有一副强健有力的嘴，由 4 个巨大但破碎的齿板组成。齿板上下各 2 个，就像一副巨大的钳子。我们推测，这类鱼大部分是以蛤蜊、塔螺或者其他有坚硬外壳的生物为食。我们的这块标本完整地保留了颅骨、上下颌骨和躯干骨骼，以及一个可见尾椎和鳍条的截面。在全球范围内比较完整的化石中，该类群里被描述过的鱼不过十几种。所以，我们的这块完整的化石，会提供大量该类群解剖学和演化位置的新信息。

我的化石技师皮克林（D. Pickering）对这块标本修整了一段时间后提醒我，它很特殊，它的许多骨骼保存完整。于是，我亲自着手修整它。由于我们有数百个标本需要修复，皮克林总是忙于酸处理后的一批戈戈地区的鱼。我偶尔会拿出一个重要的标本，然后离开古生物实验室，在位于博物馆主楼我自己的小实验室里修复它。这也让我有机会在修整的每个阶段拍摄标本，以准确记录骨骼位置。

用醋酸处理化石，是一种很普遍的方法[1]。你可能会经常在吃鱼和薯条时摄入这种浓度为 4% 的醋酸。伦敦自然历史博物馆的图姆斯（H. Toombs）在 20 世纪 50 年代发现，用醋酸或甲酸的稀溶液处理化石，可以将其与灰岩分离，因为骨骼的主要成分是羟基磷灰石，这是一种磷酸盐矿物，可以在弱酸中存在而不被溶解。酸会溶解碳酸岩，但不会伤害骨骼。在完整的骨架完全从岩石中分离出来之前，这种处理过程要反复进行，并持续 2 周。然后，可用一种以丙酮为主的可逆胶来粘接骨骼。这种胶可以被溶解，便于之后再把拼好的骨骼拆分开。这就像拼装飞机模型——一项给人满足的任务，因为那些骨骼最终会完美地连接在一起（即使是 3.8 亿年前的骨骼！）。若岩石很容易被酸溶解，那么仅用酸处理，就可以轻松修复年代久远的化石。世界上像这样的化石产地不多，而戈戈就是其中之一。

2007 年 11 月某天的下午 3 点左右，我们完成了对这块化石大部分大骨头的测量，仅剩对尾巴的描述工作。这条尾巴仍嵌在一小块岩石里，其细小的脊椎碎片整齐地串在一起。毕竟对研究而言，这比一堆杂乱无章的细小碎骨便于研究。我承认，尾巴的研究通常是完成论文所必需的无聊部分。所以在此时此刻，我们已经着手考虑更加激动人心的问题了。

特里纳伊斯蒂奇在思考我们该如何命名这条鱼。我建议此名用于纪念太歇特（C. Teichert）[2] 教授，这位著名的德国地质学家在 20 世纪 40 年代首次发现了戈戈地区的鱼化石点。*Teichertodus* 意为"太歇特之牙"（Teichert's tooth），暗指这条小鱼强有力的齿板。我们觉得这名字似乎挺合适，于是我们开始用这个临时名称，标记所有的照片及数据（在科研上，任何新的种名或者属名，都需要等到同行评议的文章正式发表之后才成为正式名称）。

与此同时，我在显微镜下盯着尾部区域，意识到自己无法准确计算所有椎骨的数量，也看不到与鳍有关的任何骨骼。但是这块标本有极大的研究前景，故我向特里纳伊斯蒂奇建议：再度冒险把这块标本用酸处理一次，就处理 1 小时左右，用浓度为 3%～5% 的极弱的醋酸，主要为了再从标本上揭下一薄层岩石。于是，我把标本拿到了我办公室附近的动物学小实验室。把标本放到水槽旁边后，我开始配制稀醋酸，先量好所需的醋酸，然后将其与水混合，接着将其放到一个小的塑料冰激凌盒子里，随后将标本小心翼翼地浸入酸中。之后，为了防止反应产生气泡过快，而破坏任何一块脆弱的小骨头，我把前一天工作剩下的废酸倒入盒子里，用来减缓反应速率。反应变得非常轻柔，当酸进入岩石时，微小的气泡浮至水面。

　　时间一分一秒地流逝，我们开玩笑说，对这块化石的研究结果，可能会是个"惊天动地的发现"。这块标本是迄今发现的所有褶齿鱼中脑

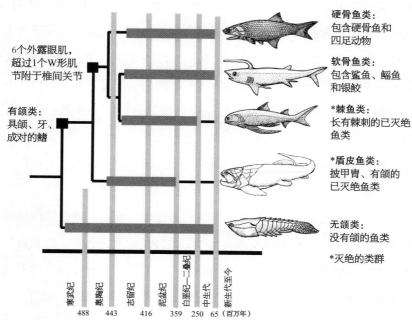

鱼类与高等脊椎动物的演化简树

盾皮鱼类目前被认为在有颌动物的基干处（即是所有有颌动物的祖先）

颅（神经颅）保存得最好的之一。我对此充满信心，相信最终会揭示出一些激动人心的发现——比如盾皮鱼的脑部结构与早期鲨鱼或硬骨鱼这两大主要现生鱼类群体之一存在亲缘关系。

褶齿鱼作为一个在 3.55 亿年前就完全灭绝了的类群，它的起源及与其他鱼类类群的关系，至今仍是科学家们讨论的热点话题。现主要有 4 种假说[3]：（1）盾皮鱼类与鲨鱼及其亲属［统称为软骨鱼类（英文是 chondrichthyans 或 cartilaginous fishes）］有关联；（2）盾皮鱼类与硬骨鱼类（英文除 bony fishes 还可称作 osteichthyans）有关联；（3）盾皮鱼类的祖先是鲨鱼和硬骨鱼类的祖先；（4）是一种人为的分类，即部分盾皮鱼更接近鲨鱼，另一部分盾皮鱼则位于鲨鱼和硬骨鱼类演化分开前最后共同祖先的节点之前。最后这种观点意味着，这种被我们称为盾皮鱼类（一类真实存在的动物，就像鸟类或哺乳类一样）的动物，实际上并不是一个真正的自然类群*。所以我们在想：如果这个脑颅揭示了一些我们前所未闻的解剖学信息，那么这块标本会如何帮助我们解决盾皮鱼类的演化位置之谜呢？这些新的信息可以帮助解决：盾皮鱼是否跟鱼类现生类群的某一类更为接近。倘若如此，我们甚至可以在《自然》（Nature）或《科学》（Science）这种顶级科学期刊上发文章。

一小时过去后，我回到实验室从弱酸中取出化石。刚暴露的骨骼非常脆弱，所以我在缓慢流动的水中非常轻柔地清洗标本，以免破坏任何新暴露的结构。我把标本带回办公室，直接放在显微镜下检查这些骨骼。靠近和鱼身体连接的鱼尾前部，保存得非常完整。我迫不及

---

 * 自然类群是指一类有共同祖先的所有分类级别的生物的总称，强调该类群生物具有共同祖先，并且不考虑生物的分类级别。——译者注

待地想扫描它，看看最后一次酸处理后到底露出了什么新东西。大多数鱼类在身体前部有一对鱼鳍，称为胸鳍；而在身体后部的那对，称为腹鳍。正如预期的那样，有一块新的小骨头从躯干（相当于胸部）开始，一直延伸到接近尾鳍的位置。但是接着我发现了另一些新东西：一堆精致且几乎半透明的小骨头和其上奇怪而扭曲的缠绕结构。那堆小骨头就在这条成年鱼的躯干骨骼之后，而那些缠绕结构就像是缠在小骨头上的矿物绳索。我最初认为，这是该褶齿鱼"最后晚餐"的证据，因为在它体内可以清晰地看见还有另一条小鱼的骨架。接着我注意到，小鱼骨架上还连接有 2 组颌骨，分别是上颌与下颌。颌骨由 4 块破碎的齿板组成，意味着小鱼是另一条褶齿鱼。这使我对那串小骨头有了新的认识。那堆位于小鱼颌部附近的小骨头，其实是小褶齿鱼的，并且它们的形状与这条大的成年褶齿鱼形状相似。

　　大约一分钟左右，我脑中灵光一闪：这是一个非凡的发现！是所有科学家都希望在有生之年能够经历一次的时刻！

　　我欣喜若狂地向一旁正在工作的特里纳伊斯蒂奇喊道："我们终于能在《自然》上发论文了！我们这条母鱼的体内有一个胚胎。"它不仅仅是一个胚胎，而且无疑是迄今为止全世界发现的最古老的脊椎动物化石胚胎，并显然是目前所发现的化石中保存得最完整的胚胎（参见图版第 2 页彩图 4）。

　　特里纳伊斯蒂奇冲过来，在显微镜底下观察它，过了一两分钟之后才同意我所说的，即我们确实发现了一个小胚胎。不过，她仍扮演着"魔鬼的拥护者"。她让我证明小鱼不是被大鱼吃掉的，即大鱼最后的晚宴。经过一段深思熟虑，我们达成了一致。我们认为，这种类型的褶齿鱼齿板相当特化，是说明小鱼胚胎和成年鱼为同一种的有力证据。此外，小鱼头部和躯干的一些零散骨片，虽然形状奇特，但简直就是大鱼的缩微版。而且，小鱼骨片也明显不同于跟此鱼亲缘关系近的其他褶齿鱼，这又进一步加强了我们的观点。简而言之，考虑到不同生长阶段可能会有的一些微妙变化，胚胎里小鱼的齿板、头部及躯干骨片，或多或少都能与成年母鱼对应的骨片相匹配。

"可是，假如这类鱼同类相食呢？"特里纳伊斯蒂奇问道。

"好问题！"我回复。

我们观察了胚胎里骨架的位置，并注意到胚胎是如何被高高地塞在脊柱附近，也就是卵巢的位置。任何鱼的内脏或消化道，都应靠近化石的下腹处，但我们的那些小骨头，却不是在那儿发现的。

特里纳伊斯蒂奇还提到，那些精致的小骨头有很完整的纹饰。说明它们保存完好，并未遭到任何明显的破损或损坏。如果小鱼是被吃掉的，我们应该能在其骨骼上发现一些在食物磨碎（被颌压碎）过程中的明显破坏，或是胃里腐蚀性胃酸蚀刻的痕迹。可在我们这块神奇的小标本上，以上两种情况都不明显。我现在已经开始称它为"我的宝贝"了。

在是不是胚胎的问题上，我们有绝对的把握，它是一个胚胎化石。但我们仍然不知道，小化石周围扭曲奇怪的绳状结构是什么东西。特里纳伊斯蒂奇把修复过程中掉下的一小块绳状结构装入一个小瓶中，准备在她自己回到珀斯以后，在扫描电镜下对它进行更详细的观察。

我们一致认为，我们的发现着实惊人，而且应该把这块标本再用酸处理，将这个小胚胎更多地暴露出来。最后，我们重复了两次我们之前的流程。每次时长大约一小时，然后仔细检查标本，直到暴露出足够我们研究用的颌骨和其他骨头。我还重新观看了我在化石修复早期拍摄的照片，以便确认一些小骨头刚被暴露出来时的状态。有一些骨头已从岩石中掉出来，散乱地分布在之前的酸处理残留物中。在照片的参考之下，我用笔刷把这些脆弱的小骨头从残留物里挑出来，再把它们都放到一个显微镜的塑料转动载物台上。

那天晚上，特里纳伊斯蒂奇、哈彻、我妻子和我开了一瓶不错的法国香槟，敬贺这条带着她 3.75 亿年前非凡胚胎的母鱼。很明显，这是我 30 年野外考察中所发现的最激动人心的化石。但是我们也意识到，为了能够在著名科学期刊上发表，我们必须对外保密，无论对媒体还是对我们的同事（投稿须知中明确地说，如果这些重大发现已引起了媒体关注，那么这些知名期刊将对此不再感兴趣）。

对科学文献的快速浏览证实，除了美国蒙大拿州熊谷 * 灰岩（Bear Gulch limestones of Montana）里可能有鲨鱼状的胎儿外，最古老的脊椎动物胚胎应该是中国的贵州龙（Keichousaurus）。熊谷灰岩年龄大约为 3.2 亿年，其中发现的胎儿单独保存（未发现母体遗骸）；而中国的贵州龙年龄大约 2.2 亿年，属于三叠纪，是一种小型长颈海生爬行动物。之后的胚胎是侏罗纪时的鱼龙（一种像海豚的海生爬行动物）胚胎。它属于狭翼鱼龙属，年龄约 1.6 亿年，发现于德国，多年来被大家所熟知，最早是由英国古生物学家斯温顿（W. Swinton）于 1930 年记录的（在 11 章有进一步讨论）。有些胚胎仍在母体体内，而另外一些则在出生时被化石化——可能由于造成母体突然死亡的创伤而引起流产。

来自蒙大拿州的化石鲨鱼胎儿，长约 1/6 英寸（4 毫米），早先被我的要好同事伦德（R. Lund）博士命名为子宫牙鲨（Delphydontos）[4]。

---

* 美国蒙大拿州著名化石点。——译者注

那时他还在纽约阿德尔菲大学（Adelphi University）工作。这些胎儿于1980年发表在《科学》杂志上。拥有约3.2亿年年龄的它们，被认为是当时已知最古老的脊椎动物胎儿。这些极小的化石鱼，似乎是刚刚出生或者流产的胎儿，但由于未发现母体，无法确切证明它们是"胎生的"——它们可能是从卵孵化而来的胎儿。所以在我们脑海中，正是我们将脊椎动物最古老胚胎的记录，向前推进了近2亿年。

在我们作出重大发现两周后，特里纳伊斯蒂奇打来电话，她把取自我们那条鱼上的细小样品——那个白色扭曲的结构，放在了强大的电子显微镜下，放大至数千倍，并从各个角度进行观察。她说了两个字："脐带。"听到的那一瞬间，我微笑着的同时，我的膝盖在颤抖。

她接着说道："朗，这是一条脐带的化石，可能是将胚胎连接到卵黄囊上的。"

"但是我们怎样才能证明这一点，并说服那些将会审阅论文的同行呢？"我问。

"好的。"她说，"我已经识别出了许多特征，这些特征表明它肯定是一个喂食结构。它有用于流体转移的毛孔和囊泡，而且韧带上还有小瘢痕。这个瘢痕附着于脐带结构上，在现代鲨鱼中也能见到，我们称作'阑尾'。此外，这上面还可看见多孔的上皮层。该化石所具有的以上4个典型特征，在现生鲨鱼的脐带上也有。"

我只消想一下就已震惊得目瞪口呆了。我们不只发现了一类已灭绝动物（盾皮鱼类）的新属和新种，还发现了一个保存堪称完美而精致的化石胚胎，其骨骼仍以三维形态保存于母体中。现在，我们这块独一无二的化石，竟然还保存有母体的喂食结构！这更加确凿地证明，我们发现的是一个胚胎。实际上，在脐带后端附近的岩石里，还有一个空腔（或空洞），被深黄色方解石粗晶填充。我们推测，这个洞可能是卵黄囊的残留位置。卵黄囊已经被分解了，而留下的空洞成为之后含有机质方解石的生长空间。

然而，这一发现中最重要的部分仍没有被我们发现。大概一个月之后，我们聚在一起，开始写论文，准备向全世界公布我们的发现。我们请 2 位和我们关系密切的同伴来帮助我们——扬（G. Young）博士和森登（T. Senden）博士。扬是一位世界知名的盾皮鱼类专家，在堪培拉的澳大利亚国立大学（Australian National University）工作，也是 1977 发表的戈戈褶齿鱼类最初发现的作者。森登也在澳大利亚国立大学工作，他是建立了世界上分辨率最高的高精度 CT 扫描仪之一的科学家和应用数学系（Department of Applied Mathematics）的化学家。他们为我们的文章讲述这个故事奠定了基础。

森登的新技术让我们以非常高的精度对样品进行了 X 射线扫描，可以显示出将尾部和胚胎连接在一起，但仍嵌在石灰岩薄层中的那一小段。2007 年年底，我飞赴堪培拉去见扬和森登。我们对样品进行扫描，工作至深夜，然后迫不及待地注视着脐带结构穿过岩石的三维轮廓图。脐带结构表面上微小胚盘（embryonic plates）的所有特征清晰可见，因此我们可以看见显微镜下看不到的每一处细节。现在，我们这篇关于世界上最古老化石胚胎的文章已万事俱备。

那是堪培拉一个炎热的下午，在扬家的后院，我们一边喝着冰镇啤酒，一边思考着这个发现。我们突然恍然大悟，意识到这一发现的重大意义。我们凑巧发现了比世界上最古老胚胎更重要的东西。如果一个胚胎在母体中发育，这意味着雌鱼不是简单地将卵产在水中，雄鱼将精子喷射在它们上面，而是雌雄鱼之间在进行交配。在约 3.8 亿年

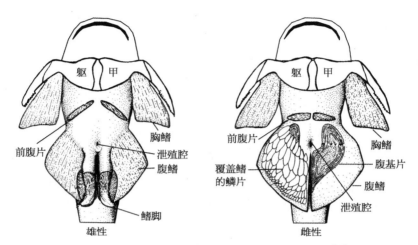

雄性褐齿鱼有骨质覆盖的鳍脚，而雌性有覆盖大量鳞片的腹鳍[5]（修改自迈尔斯，1967 年）

前的灰岩海底附近，它们过着亲密而复杂的性生活。

　　扬呷了一口啤酒，细品这一发现。"先生们，"他庄严地宣布，"我确信我们刚刚发现了第一块有关交配的化石。"

　　那么，它们又是如何"做"的呢?

第 3 章

褶齿鱼式社交

一个机灵人应该像各种兽类和鸟类那样，增加自己的社交方式。如果这些花式约会既符合当地风俗习惯，又能遵从个人喜好，便可以在女性心目中经营出爱恋、友情和敬意。

——1883 年版《印度爱经》（*Karma Sutra*）

让我们来想象一下 3.8 亿年前的盾皮鱼 * 是如何交配的。目前只有一个现生类群可供参考，即包括所有现生鲨鱼、鳐鱼和银鲛在内的软骨鱼纲。盾皮鱼和软骨鱼纲之所以可比较，是因为我们的雄性小褶齿鱼类盾皮鱼 ** 在腹鳍上发育的骨质增生结构，很像鲨鱼及其近亲所具有的柔韧鳍脚，这种鳍脚通过将精囊输送给雌性来达到繁殖目的。所以，要想重现 3.8 亿年前这些身披铠甲的鱼类可能以何种方式交配，我

---

* 一类已灭绝的最原始具颌脊椎动物，生活在志留纪晚期到泥盆纪期间。——译者注
** 褶齿鱼目为盾皮鱼类一个分支类群，生活在泥盆纪。——译者注

们首先要初步了解现生软骨鱼（骨骼完全由软骨而非硬骨构成）是如何繁殖的。下面要介绍的是初级速成课程——鲨鱼的性 101*。

　　如果你想通过近距离接触一头鲨鱼来了解它的性别，你就会把自己置于危险之中。而在现代水族馆的安全环境中，比如在洛杉矶美丽的长滩太平洋水族馆（Aquarium of the Pacific in Long Beach），你可以非常近距离地观察鲨鱼和鳐鱼。偶尔，它们甚至会直接从你的头顶上游过。在如此便利的条件下，想要区分雌雄两性并不困难，因为雄性自每一侧腹鳍向后发育有很长的裂片**。这些鳍脚（也被称为"瓣膜"）曾一度被认为用于在交配过程中抓住雌性。直到人们最终观察到它们的实际活动之后，才发现它们远不止是精巧的抓握结构这么简单。它们是真正的"插入"器，意思是它们可以探入雌性体内，放入精子包囊，即所谓的"精包"。换言之，它们实际上就是着生在腹鳍上的一对阴茎。

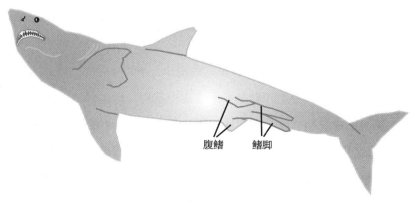

腹鳍　　鳍脚

展示出鳍脚的雄鲨（约翰·朗）

* 在英语俚语中，101 意味着专题的基本介绍。——译者注
** lobe，此处指条状的器官或组织，即鳍脚。——译者注

　　鲨鱼和它的那些软骨鱼亲戚都采取了这种亲密机制，尽管不同属种的求偶过程会有所不同，某些属种的求偶过程完全就是简单粗暴型的。雄性鳍脚和腹区的解剖学特征在不同属种之间也会有显著差异。诸如银鲛和叶吻银鲛以及其他全头类属种，都有"腹前"鳍脚（其相较于腹区的鳍脚更靠近头部），也有腹鳍的主要组构。此外，雄性的头上还长有一个小而怪异的单鳍脚状结构，称为"触器"。

　　解剖一个鳍脚，我们会发现它其实就是一根由长软骨棒支撑的管子，而这根软骨棒则是鱼腹鳍内骨骼的延伸部分。随着鲨鱼逐步发育成熟，鳍脚会随着碳酸钙晶体沉淀到内部的软骨而进一步发生钙化，变得更加坚硬。事实上，这正是衡量鲨鱼成熟度的最佳方法之一。举个例子，如果你想要确定一头雄性大白鲨[1]（*Carcharodon carcharias*，噬人鲨）的年龄，而你又恰巧是一位极端分子，你可能会游到一条鲨鱼身边偷偷触摸它的鳍脚，来看看有多坚硬。直到一条雄性大白鲨的鳍脚已经变得相当坚硬，它才会被认为已经性成熟了。

　　当它们真正性成熟时，一条体长约达 10 英尺（3.05 米）的雄鲨，鳍脚可以相应地达到 1.3～1.5 英尺（39.6～45.7 厘米）的长度。鳍脚的作用方式与哺乳动物的阴茎非常类似之处在于，它们一旦被血流泵入，便从原本柔软、有弹性的状态变得直挺。性成熟后，鳍脚可以从基部旋转到朝前的位置，从而可以与伴侣面对面交配。为保证在偶尔长时间的交配中也能保持姿势，鳍脚起作用的一端往往长有小钩子和倒刺，它们发育自体表的鳞片。虽然这可不是什么好主意，但在开阔海洋这种很难增加胜算的环境下，仍是非常必要的。

　　虽然所有已知的雄性鲨鱼、鳐鱼和全头鱼都有鳍脚，但只有全头类的雄性头部有被称为触手的附属性器官。这种钩状器官可能的用途是辅助交配，因而它有时会被描述为长在这些鱼类头上的阴茎。这纯属犯了术语上的错误。这种小触器可能是用来刺激雌性交配的，或者协助雄性调整交配时的体位，不过坦率地说，我们并不知道它真正的用途——全头类似乎对此事秘而不宣，它们在野外的交配过程从未被观察到。

我们对鲨鱼的交配行为基本上也知之甚少。虽然目前已知大约有1 000种现生鲨鱼、鳐鱼和全头类，但是我浏览了文献之后猜测，仅20～30个属种有繁殖行为的记载。其中一些属种还是在水族馆中被观察到交配的，如宽纹虎鲨（Port Jackson shark）或角鲨［horn shark，虎鲨属（Heterodontus）］；而在野外观察到的鲨鱼和鳐鱼交配[2]的目击记录，则少之又少。

夏威夷大学（University of Hawaii）的特里卡斯（T. Tricas）博士在1985年发表了一篇关于白鳍礁鲨（灰三齿鲨，Triaenodon obesus）的出色记录。他描述道，一条雄性鲨鱼游弋到一条看起来不错的雌鲨身边，如果他喜欢她，就会在一段时间内伴其左右，直到咬住雌鲨颈部及其鳍前附近的位置。最终雄鲨会将雌鲨的几乎整个胸鳍都塞进自己嘴里，以此来抓住她。当雄鲨开始将直挺的鳍脚插入雌性体内时，这两条鱼会将头倚在海床上（倒立式）来完成交配。整个交配过程不到几分钟就结束了。这个属种的雌鲨有时在头前部或后背靠近背鳍的地方会留有严重的咬痕，显然是那些风流成性的雄鲨在粗野的前戏中留下的"杰作"。

有意思的是，正是因为交配过程及求偶行为有时会相当粗暴，所以雌鲨的皮肤往往比雄鲨更厚，我说的可不是个体差异。蓝鲨（大青鲨，*Prionace glauca*）紧邻腹鳍之后的皮肤横切面显示：雌鲨的皮肤层几乎是同体型大小雄鲨的两倍。

雌性南方魟（美洲魟，*Dasyatis americana*）不仅可与一条以上的雄性连续快速地发生交配（俗称"一妻多夫"），而且交配中的雌性还可以转过身与伴侣面对面，整个过程不到 20 秒就结束了。

对所有现生鱼类的大体观察表明，任何一条在腹鳍上长有鳍脚的鱼都是雄性，而且所有的鳍脚都是用来和雌性发生体内受精的。在交配完成以后，幼体要么生下来就是活的［称为胎生（viviparity）］，要么被角质壳体包裹成几枚大卵后被产出［称为卵生（oviparity）］。现在是时候将这些简单的事实投射到我们的泥盆纪鱼类身上，看看意味着什么。

直到最近，仅有一个盾皮鱼类群，也就是颌部厚重的褶齿鱼类，成为揭示盾皮鱼类所有繁殖行为的证据。这段奇妙的发现之旅源自 1934 年解剖学教授沃森（D. M. S. Watson）[3] 在爱丁堡的杂志上发表的一篇文章。它首次记载，某些盾皮鱼类具有性双形（即雄性和雌性体质类型不同）的现象。沃森研究了苏格兰埃德顿 * 那里收藏的小褶齿鱼化石中的一个属种，并称之为钩齿鱼（*Rhamphodopsis*）。他发现，雄性个体自腹鳍向后伸出一种长型腰带（即那根支撑鱼鳍的内骨骼）。相较于雌性更大且被厚重的鳞片所覆盖的腹鳍来说，这个雄性的腰带相对较小。他在 1938 年的后续工作中，描述了这些鱼类的更多特征，但他在这两次工作中，都没有意识到雄鱼拥有相当于鳍脚的骨质结构。

---

* Edderton：泰恩河附近的一座古老村庄，位于多诺赫湾和伊斯特罗斯海岸。——译者注

沃森的这些标本在形态上都相当扁平，就像大多数泥盆纪的鱼类一样，所以并不是所有的腹鳍细节都很清楚。直到 1960 年，瑞典自然历史博物馆（Swedish Museum of Natural History）的挪威古生物学家厄尔维格描述了一件来自德国的褶齿鱼——小梳尾鱼（*Ctenurella*）标本，才正式确认了在雄性腹鳍上的鳍脚。另一位杰出的英国科学家、来自伦敦自然历史博物馆的迈尔斯（R. Miles）博士[4]，在 1967 年发表的文章中更准确地描述了沃森雄性和雌性钩齿鱼（*Rhamphodopsis*）标本的腹部解剖学特征。

迈尔斯随后描述了一些更小的雌性副骨，它们与雄性褶齿鱼中存在的明显不同。他发现，雄性鳍脚的主体部分是一根表面覆盖有钉子和钩子的大骨棒。虽然迈尔斯在那篇文章的总结中有点畏首畏尾，语焉不详，但他确实倾向于认为，这些雄性褶齿鱼的鳍脚，一定是用于体内受精的，正如现生的鲨鱼和鳐鱼一样。不过，他只字未提这种亲密关系究竟是如何发生的。

在 1963 和 1967 年，伦敦自然历史博物馆、西澳大利亚博物馆和格拉斯哥亨特博物馆开展密切合作，从澳大利亚西部新发现的戈戈化石点*采集了一批泥盆纪鱼类化石。当他们首次在戈戈生物群中发现褶齿鱼类化石时，迈尔斯便让他当时年轻有为的研究生、来自堪培拉的扬**仔细观察它们。迈尔斯和扬在 1977 年发表了他们关于这些化石的一篇里程碑式的研究成果[5]，文中他们还对盾皮鱼类的演化作了一次全面修订。这篇文章最有趣之处在于，它首次提供了

---

  * Gogo site：澳大利亚最重要的化石产地之一，其代表为晚泥盆世礁石生物群。化石不仅呈立体形态，而且保留有软组织。——译者注
** G. Young：盾皮鱼研究领域最杰出的科学家之一，2019 年在中国召开的第 15 届早期脊椎动物国际学术研讨会上，全场向他致敬。——译者注

关于雄性鳍脚的准确研究，这些鳍脚来自已灭绝褶齿鱼中未被压扁的标本。他们发现，每一个雄性鳍脚被两套外骨骼所覆盖，其中一套外骨骼在最末梢"装备了"许多锋利的钉子，另一套纤细而弯曲的外骨骼着生在鳍脚主要内软骨的外侧。

这种设计意味着，如果把鳍脚放入体内，必然会出现诸多问题。不同于鲨鱼收放自如的软骨质鳍脚，褶齿鱼类的鳍脚似乎不太容易在雌性体内进出。我在早期的一篇文章中建议说，褶齿鱼类的鳍脚起初可能只是用来抓住雌鱼，使它的泄殖腔靠近雄性，以便对其授精。目前还没有令人信服的证据表明，这些身披甲胄的褶齿鱼，鳍脚是否具有沟状结构，使之可以像现生鲨鱼及其近亲那样传送精子。

不论是哪种情况，求偶和亲密所需的行为，在褶齿鱼类中都会发生。要么雄鱼需要离雌鱼足够近才能抓住雌性，并用鳍脚与雌鱼跳爱之舞蹈；要么雄鱼需要靠得足够近才能把鳍脚送入雌性体内。但要完成这些行为所需的操作方式，都颇令人费解。

我们的团队最近检查了博物馆藏品中所有已知呈三维状态保存的立体褶齿鱼鳍脚——毕竟这样的标本屈指可数，其中 2 件保存于伦敦自然历史博物馆，1 件在珀斯的西澳大利亚博物馆。我们当时的结论是，这些骨质结构 * 可理解为仅仅覆盖了鳍脚外表面的一部分，而非完全将其包裹起来。由于有足够移动的空间可以让鳍脚周围的组织充盈，因此可以保证鱼类的鳍脚既能变得坚挺以进行交配，又能够在交配后变松弛。要想从雌性体内巧妙地拔出这种钩状、弯曲且覆盖有外骨骼

_____

* 上文提到的两套外骨骼。——译者注

的鳍脚，雄性必然需要来来回回地摆动身子，但这不正是欢爱的一半乐趣所在吗？

这种身披重铠的褶齿鱼究竟是如何交配的呢？首先，它们应该像现生的小型鲨鱼和鳐鱼那样，倚靠在沙质的海底以保证交尾得以持续。我们假设，某些属种的求偶行为是为了让雌性做好交配的"准备"，生物学家称之为"释放阶段"，我们称之为"前戏"。由于没有直接的证据表明，这一过程在褶齿鱼中可能是如何发生的，我们只能观察与之关系最近的现生类比者——鲨鱼，推测它们首先彼此靠近，与此同时雄性开始咬住雌性的鳍或尾巴，以刺激雌性分泌交配所需的激素。雌性一旦做好准备，它可能会仰面朝上，将泄殖腔暴露在雄性面前，或者仅仅简单地将脑袋和鼻子埋在到沙质海床中。这种姿势需要雄性有更强的抓握力。打个比方，它可能会将躯甲骨片钩在雌性的躯甲上。通过腹部表面彼此贴近，雄性可能会利用它可活动的腹鳍，将雌性的身体调整到合适的位置，以进行交配。

到了这个阶段，亢奋的雄性会将血液充盈到鳍脚中，使之勃起。通过抓握雌鱼的躯甲或腹鳍，它能够调整勃起的鳍脚，小心翼翼地靠近雌性已经打开的泄殖腔。在这一过程中，激素可能也会让雌性的泄殖腔进一步扩大，以便于交配。总之，任何能够应付鳍脚上那些该死的钉子和钩子的设计，都是福音。要想让钩状的鳍脚进入雌性体内，可能还需要雄性多次向侧面调整躯体。一旦成功，鳍脚上那些弯曲的骨质钩和峭能够保证雄性在传送精子的过程中，鳍脚还固定在合适的位置。

我在想：它们究竟是像现今大多数鲨鱼那样传送精子包囊（精包，

spermatophore* ），还是仅仅将精子排放在水里？对此我们不得而知，也永远不会知道。但无论是何种传送方式，那一定会大获成功，因为在地质历史时期的泥盆纪海洋中，到处都是褶齿鱼类的身影。当交配结束后，雄性通过来回扭动身体将软瘪的鳍脚抽出。当然，在这个过程中雌性也会扭动身体来协助。接着，雄性可能会游走，因为它的任务彻底完成了。我们也无从知晓，两性之间以后是否还会联系。

另一方面，雌性现在承担了一项新使命——养育那些刚受精且将在它体内成长发育的幼体。体内受精所带来的怀孕之欣喜，从生物学角度讲，涉及体内生理上一种前所未有的重大变化。当其他鱼类只是简单地让受精卵自生自灭的时候，怀孕的母鱼则必须同时照看它自己和它的宝宝。与产卵后就遗弃幼体的鱼类相比，在体内携带着未出世大胎儿的母鱼，将面临更大风险。打个比方，一旦母鱼被捕食者攻击或者吃掉，所有交配的努力皆化为泡影。或许可能正是在演化的这一阶段，雄性的亲代抚育行为已经开始了。雄性会协助保护怀孕的雌性。或许更有可能的是，怀孕的雌鱼躲在一个安全的地方，它体内的幼体靠着吸食卵黄日渐成长。只要它能对捕食者时刻保持警惕，并靠近它安全的小洞穴或角落，它仍然能靠那些生活在珊瑚礁上的大量双壳类和腹足类果腹生存。

正是在怀孕阶段，我们的母鱼和它体内唯一一个即将出世的大胎儿，遭遇了夭亡的厄运。它的骨骼上既没有被攻击的迹象，也没有任何激烈争斗留下的伤口或者病变等体征。或许仅仅一件微不足道的事情就将它置于死地，比如它冒险游进了一个缺氧的水域，平静而意外

---

* 包裹了大量精子的蛋白质囊体。——译者注

地结束了生命。她的尸体随后浮到了水面上，经过一些初步的腐烂分解之后，最终沉入暗灰色泥沼，这种泥沼沉积于礁间盆地中的还原环境。她的尸体很快变成了化石，并在大约 3.8 亿年之后，暴露于地表一个名叫帕迪斯山谷（Paddys Valley）的偏远之地，距离菲茨罗伊克罗辛 * 约 100 公里。

---

* Fitzroy Crossing：西澳大利亚州金伯利地区的一个小镇。——译者注

第 4 章

向女王宣布发现远古之爱

电视剧或电影里的科学家，总是被描写为恶棍、奇葩或者呆瓜；而好莱坞的剧本或戏剧，却能够以一种既严谨又有趣的方式来讲述科学故事，实在是难能可贵。

——穆尼（C. Mooney）和科什鲍姆（S. Kirshenbaum）[1]

《不科学的美国》

每当科学家们有了重大发现之后，他们会立即陷入焦虑，为他们的成果是否会被顶尖的科学期刊所接受而焦灼不已。即便是重大的发现，只要一个持怀疑态度的审稿人表示了一丁点儿苛求，文章就会被编辑拒登。大多数科学家梦想着自己的文章会被《自然》或《科学》杂志所接受，因为这样一来，相关的新闻将得到全世界记者的充分重视，从而确保其中所蕴藏的科学讯息得到媒体广泛的宣传。更为重要的是，审查科研经费的人往往是这类期刊的热切读者，而决定科学基金的政治家往往是大众传媒的受众，因此就衍生了这样一个因果循环：一份享有盛誉的出版物加上铺天盖地的传媒报道，无疑会增加继续研究或者未来获得资助的胜算。

自 2007 年 11 月下旬实验室有了新的发现以来，我们便开始马不停蹄地着手准备文章。第一步是借助位于堪培拉（Canberra）的森登（T. Senden）实验室中的高精度 CT 扫描仪这只射线之眼，来检查这些标本。此种三维立体扫描技术，让我们能够就鱼骨特征进行新的计算机成像。我也在研究一些电脑成像，它们所显示的解剖学特征能被清楚地鉴定和标识出来。这样一篇文章的目的是让研究的关键信息清晰明了——即使一位古生物领域的门外汉都不会对此有丝毫质疑：为何我们会提出，这一发现是科学史上之重大突破。

经过反复斟酌和推敲，我们终于完成了初稿，所有的共同作者对此都欣喜万分。在 2008 年 1 月初的一个晚上下班之后，我把文件上传到了《自然》杂志的"作者提交"网址。几天后，我们收到一份标准答复，说文章将会被送审。万岁！我们已经跨过了第一大障碍：编辑们对我们的文章有足够的兴趣，所以将对其进行评估。

同行评审是整个提交过程中最令人担心的阶段。我们的论文被分发给 3 位审稿人，他们每一位都要向编辑保证，文章确实提供了值得在期刊上发表的重要贡献。他们可能会指出文章中一些容易被纠正的问题，例如事实错误、错别字，甚至文献引用上的错误，但如果其中任何一位审稿人对这项工作有重大批判，例如对原始数据的解释持有不同意见，那么这篇文章就可能被拒登。我们在焦虑之中挨过两个星期后，文章的审稿意见终于回来了。编辑传来消息说，尽管以文章目前的形式来看，它无法接受，但是如果我们能够处理好编辑提出的各种意见，他们将重新考虑这篇文章的发表。

　　大约过了一个星期，在一个周六的早晨，正在床上打盹的我，不知打哪儿得到了一个重大启示。我本来一直琢磨着我们对那条母鱼的发现，此时突然清楚地想起，我曾经在另一件来自戈戈的标本上，见过与母鱼类似的一小簇骨骼！从床上一跃而起后，我裸奔到了书房的电脑前，这里存储了成千上万张我曾经研究过或者写入文章的所有鱼类化石的照片。几番点击之后，我的目光锁定在了一件非常引人注目的戈戈标本上——这是一件膜质骨呈关联状态保存的褶齿鱼，是我在1986 年采集、1987 年准备、1995 年研究，成果最终于 1997 发表在一家法国期刊《地质多样性》（Geodiversitas）上的。我把它命名为南方褶齿鱼（Austroptyctodus），将一簇沿着身体发育的鳞片认定为一个相当古怪的特征。在德国、苏格兰或北美洲的著名化石点中，其他被描述过的、膜质骨呈关联状的褶齿鱼类都不具有类似的鳞片，而且我也曾发现另一条同样来自戈戈的褶齿鱼——坎贝尔鱼（Campbellodus），带有鳞片。所以看起来，我当时对南方褶齿鱼的描述足够合理。

　　那天早上，当我放大南方褶齿鱼（标本标号为 WAM 98.9.668）的彩色照片时，我意识到这一簇鳞片其实就是微小的胚胎骨骼。而且每一簇都是一副完整的微型小骨架，一些小骨架附近甚至保留有矿化脐带的迹象。这是我找到的第二条已知的盾皮鱼类"母鱼"。这条小母鱼很特别：她是怀着三胞胎的时候去世的。在西澳大利亚博物馆过去 8年"从钻石到恐龙"画廊的公开展览上，没有一个人曾经注意到她微妙的身体状况，甚至包括那些远道而来瞻仰和学习戈戈化石的古鱼类访问学者。

　　鉴于当时我们正在修改投给《自然》杂志的稿子，这一新发现来得正是时候。我立刻给杂志的生物科学编辑吉（Henry Gee）博士发了一封邮件，告诉他我们已经找到了第二件母鱼标本，而且这件标本保存有 3 个完整的胚胎。他建议我们把这件标本放在重新修订的图片中，以回应一位评审员让我们通过照片展示更多细节的要求。在添加了带有多胚胎的南方褶齿鱼彩色照片之后，我们关于盾皮鱼是胎生的主张看来已经确凿无疑。我们在 4 月初寄回了修改后的文章最新版本，并等待着裁定。

我们是幸运的。这一次，所有的审稿人基本上都同意了我们的解释，即母鱼化石上的一小簇骨骼代表了一个未出生的胚胎，它还保存了一个矿化的脐带结构。他们也一并接受了新发现的南方褶齿鱼标本所提供的额外证据。我们的文章最终在 4 月中旬被正式接受，这让我们如释重负、激动万分，因为我们作者当中很少有人以前在《自然》杂志上发过文章。在我 28 年的研究历程中，只有区区两篇文章刊登在该杂志。这一次，我们期待着地球上最年长母亲以及亲密性行为起源的新闻，能够吸引全世界媒体的广泛关注。

不久之后，我就接到了澳大利亚科学媒体中心（Australian Science Media Centre）埃莉奥特（S. Elliott）的电话。起初我对这通电话满腹狐疑；在等待《自然》杂志决定是否发表我们的发现之时，我们一直都对此严加保密。埃莉奥特告诉我，下个月英国皇家研究院（Royal Institution of Great Britain）将在伦敦举行一个仪式，庆祝其宏伟旧建筑 2 200 万英镑的翻新工程竣工[2]。与此同时，他们将宣布在阿德莱德*开设皇家研究院的澳大利亚分部。此次盛会将有包括诸如格林菲尔德

---

　　* Adelaide：南澳大利亚州首府。——译者注

（B. S. Greenfield）男爵夫人和阿滕伯勒爵士（D. Attenborough）在内的英国科学界诸多名流出席。包括伊丽莎白女王本人在内的各类皇室成员也将莅临。

澳大利亚科学媒体中心正在寻找一个备受瞩目的故事来推广，作为庆典的一部分。结果，《自然》杂志主动与他们取得联系，商讨是否有可能把我们的文章作为推广的主角。虽然一切还悬而未决，但是如果《自然》杂志选择了接受文章，那么我们将在阿德莱德举行的一场特别晚宴上向全世界公布我们的发现[3]。与伦敦连线的卫星直播，意味着我们可以在澳大利亚和国际科学家们、媒体以及所有英国政要及其随从齐聚的盛大场合，宣布这一消息。

现在，我们比以往任何时候都要兴奋——有多少学术文章能有如此隆重的发布会？经过了一番焦灼等待之后，《自然》杂志向我们确认，只要我们能够在 5 月 28 日晚上（即我们的论文正式发表于《自然》杂志的那一天）参加在阿德莱德举行的卫星联播晚宴，我们的文章将获选。我的媒体团队在墨尔本博物馆做了一些初步预约，我可能无法及时赶回来参加 5 月 29 日上午 10 点的官方新闻发布会，但是我向他们保证，我将在晚餐后乘坐最早的一班飞机于次日清晨返回，并在上午 9 点之前到达博物馆。

下一个任务是找出能最好地展示我们"珍宝"的办法。我们很早就意识到，实际的鱼类化石和胚胎都非常小，在外行看来非常不起眼。而一个巨大的恐龙头骨却可能会引起媒体的注意，所以我们的小母亲鱼需要一些协助来获得关注。我的老板赫斯特博士（R. Hirst）提出制作一部动画，展示这块化石的原始面貌，而我负责监督为全世界的媒体制作一个 30 秒的短片。实际做起来可比听上去困难得多。

首先，我们需要一个与原物等大的模型，来讲述怀孕的母鱼可能是如何出现的。博物馆里一位熟练的模型制造师承担了这项任务。在检查了模型的准确性之后，这个模型被发送到三维激光扫描系统中，以创建计算机动画师可以使用的电子文件。经过几次探讨运动、游泳方式、生物礁环境以及可能的出生方式的会议后，最终的 30 秒动画终告完成。这个短片展示了包括胚胎和脐带在内的化石，然后把化石复活成可以游动的鱼，随后它产下了幼体（你可以在许多网站上看到这个短片，包括 YouTube。请搜索"动物末日"系列的"母鱼"这一集）。

5 月 28 日下午，墨尔本博物馆工作人员开始布置我们的临时展，以便在第二天的新闻发布会结束之后，所有的人马上就能在博物馆大厅里一睹小母鱼之风采。它旁边放置着与这条母鱼等大、宛如其真实模样的模型，在附近的一个大屏幕上将会放映化石复活并产仔的动画短片。

布展完毕后，我动身前往阿德莱德。一到目的地，我就把包丢在了酒店里，然后打车直奔会场，与澳大利亚科学媒体中心的埃莉奥特以及我的两位合作者特里纳伊斯蒂奇和森登会面，没有丝毫闲暇时间。尽管大约有 80 名澳大利亚科学和媒体界领导预计将出席此次活动，我们的发现仍需等到当晚稍后时间媒体禁令解除后才能宣布。

当宾客还未到齐的时候，澳大利亚科学界领袖——主持人威廉姆斯（R. Williams）把我单独请到了附近的一个沙发上，为国家广播节目《科学秀》（The Science Show）做了一次鬼鬼祟祟的采访。显然，他已经被透露了秘密！当他抓到特里纳伊斯蒂奇和森登作快速的录音采访时，我漫步踱回到聚会上。舞台上布置了一张供我们三名作者使用的桌子和一个大屏幕，用来放映与英国的电台连线，许多漂亮的餐桌散布在房间里。空气中弥漫着满怀期待的那群知识分子发出的嘈杂声，其中包括澳大利亚一流大学的院长和教授、新任命的澳大利亚皇家研究院院长以及宇航员安迪·托马斯（Andy Thomas）等。

我匆忙吃完了晚餐，喝了一两杯镇定神经的美味巴罗萨谷红葡萄酒（Barossa Vally red），好戏终于要开场了。当威廉姆斯拿起话筒介绍当晚的活动安排时，特里纳伊斯蒂奇、森登和我走上舞台。神奇的是，我们身后的白色屏幕突然启动，开始为这些来自伦敦皇家研究院的人们播送。双方在作了一些简短的介绍，并祝贺了皇家研究院翻新的建筑之后，阿滕伯勒（D. Attenborough）爵士成为话题的焦点。我们将母鱼命名为阿滕伯勒母鱼（*Materpiscis attenboroughi*），意思是"阿滕伯勒的母鱼"，旨在致敬这位伟人。阿滕伯勒爵士是在 1979 年系列纪录片《生命的演化》（*Life on Earth*）中第一个向全世界介绍戈戈化石点意义的人。威廉姆斯问他：对于新化石以他的名字命名这件事，感觉如何？在大屏幕上我们看到他的第一反应是高兴（我们还用我母亲的名字给这条母鱼起了"乔西"的绰号，老太太也同样为这份殊荣而兴奋不已）。最后是我们的时刻，当我走向麦克风，感觉就像是整群小盾皮鱼都盘踞在我肚子里那般沉重。我还是定下了神向全世界以及女王宣布：我们发现了世界上最古老的胚胎化石，其中一个还完好无损，甚至带有脐带。这意味着，约在 3.75 亿年前，远古时期的鱼类为了"性趣"进化出一种复杂的交配行为——我们假设在盾皮鱼类出现之前的动物也会进行交配，但不是以如此亲密的身体接触方式。在快速展示了 6 张幻灯片还有动画短片之后，我的演示结束了，接着特里纳伊斯蒂奇站起来阐述她在我们保存这件奇特化石的脐带组织方面所做的工作；随后是森登演示的超微扫描技术的报告。

随后，等候在一旁的英国媒体团开始向我们提问。我立即被热切的小报记者抓过去，被要求详述我提出的"性是史前鱼类的'乐趣'"这一观点。我解释说，这是第一次发现我们的远祖——鱼类，通过雌雄两性进行交配，而不像现如今几乎所有的鱼类那样，在水中产卵。所以从严格的生物学意义上讲，这一定是"有趣的"（可以说是无法抗拒的那种），否则它们就不会进化出这样一种极为复杂的方式来繁衍后代。

接连被问了许多问题之后，摄像机转向在后台中一直安静观看的皇室成员。威廉姆斯抓住机会，问女王是否对本次的化石发现有任何疑问。她没有提问，但她的丈夫爱丁堡公爵（The Duke of Edinburgh）提高了嗓门，很有礼貌地问我们，这条鱼化石原本大概长什么样子（也许他没看过我们准备的那个动画）。

午夜时分，我们母鱼团队坐下来一起分享了最后一杯香槟来庆祝。由于第二天全世界等候的媒体将会报道这个故事，我们都不得不赶早班飞机回家，以便参加我们各自国家的新闻发布会。在肾上腺素的刺激下我彻底兴奋起来，大约只睡了两小时后就在漆黑的夜色中动身前往机场，飞回墨尔本。

在墨尔本博物馆，我在一个挤满了当地人和全国媒体的房间里做了同样简短的介绍。那天晚上，母鱼的故事几乎登上了每一个澳大利亚电视频道。很快，来自世界各地的媒体都开始对此产生兴趣，特别是来自法国、德国、美国和西班牙的媒体。那一天以及在接下来的一周里，我和我的共同作者们火力全开，给全世界媒体做无线电和电话采访。工作饱和度比以往我参与过的其他任何科学故事都要高，包括著名的纳拉伯洞穴袋狮化石（Nullarbor Caves fossil marsupial lion）——那是 2002 年 7 月澳大利亚报纸的头版新闻。显然，这则远古时期交配的新闻，收获了一大批狂热的观众。

　　如何衡量一个科学媒体的故事是否成功？一种方法是以广告价计算媒体报道的页数，以及以类似商业价格计算电视和广播播放的分钟数。然后可以根据专业公关人员用以评估这些故事的固定公式，来校正这些数据。我们博物馆的公关团队，对母鱼故事的传播媒介就进行了这样的评估，估计它产生了大约 200 万美元的媒体报道价值。

　　当年 7 月，相关报道登上了《澳大利亚科学》（*Australiasian Science*）杂志[4]封面。随后，该杂志把 2008 年度的澳大利亚科学奖授予了我们，以表彰这一发现之重大意义。在 2008 年年底，美国科学杂志《发现》（*Discover*）公布了年度最重大科学发现的百强名单[5]，囊括了所有的科学领域，而母鱼作为仅有的 3 个古生物故事之一名列其中。这例世界上最古老胎生[6]的发现，甚至登上了 2010 年版的《吉尼斯世界纪录》（*The Guinness Book of World Records*），上面是万众期待的母鱼模型。同时，这也是 2011 年 1 月《科学美国人》（*Scientific American*）的封面故事[7]。

　　评估任何古生物学或生物学新发现的传媒及社群饱和度，还有另外一种方法，它甚至催生了一个新的科学术语，我称之为"谷歌影响因子"（Google factor）。母鱼的正式学名 *Materpiscis* 在《自然》杂志上发表的前一天，谷歌对它的搜索不会产生网站点击量，因为这个名字在互联网上并不存在。而在文章发表之后一周内，谷歌关于"母鱼"的搜索结果显示，这个词在全世界将近 50 000 个网站上有被提及。即使在几年以后，对该词的搜索也会在全球各地的网站上产生大约 5 000 个点击量。

第 5 章

古生代的生父之谜

> 初尝禁果是在 1963 年（对我来说太晚了些）——它发生在
> 《查泰莱夫人的情人》* 解禁（Chatterley ban）和披头士发布第一张
> 唱片（Beatles' first LP）期间。
>
> ——菲利普·拉金（Philip Larkin）《神奇的年代》

  关于母鱼的发现一经发表，我们就开始怀疑在其他博物馆中被遗忘的抽屉里，是否可能隐藏着更多的盾皮鱼类胚胎化石。母鱼的发现，激发了我们在古脊椎动物早期繁殖方面思考模式的转变。我们已经知道，部分古老的鱼类，即神秘的盾皮鱼，会通过交配来繁衍后代。通过之前所做的缜密研究，我们已抢占了同行的先机。我们也知道，一定还会有别的古鱼等待着被发现。那么这些还未被发现、却有着相同

---

* *Lady Chatterley's Lover*：英国作家 D. H. 劳伦斯创作的长篇小说，首次出版于 1928 年。因其中的性爱内容，该作品曾在英国长期被禁止发行。——译者注

交配行为的属种，究竟全都属于奇异的小褶齿鱼呢，还是又有别的早期鱼类群？

我的一位同事约翰松（Z. Johanson）博士，在悉尼的澳大利亚博物馆工作时曾与我们一起研究过盾皮鱼类。最近她和她的同样是古生物学家的丈夫埃奇库姆（Greg Edgecombe）博士，搬到了伦敦自然历史博物馆。对于一个博物馆来说，雇佣一个古生物学家的夫妻团队，并给予他俩终身职位，这种情况无疑是少有的，然而鉴于他俩都是十分杰出的科学家，任何一家大型博物馆都会抓住机会让他们入职。正是在那里，距离我们宣布母鱼的消息仅一两个月之后，约翰松以她独具的"慧眼"，发现了我们故事中的第二条重要线索。这一发现对科学究竟意味着什么？约翰松对此的只言片语足以吸引我和特里纳伊斯蒂奇尽快前往伦敦。

时间倒回 1982 年在英国的那个夏天，25 岁的我第一次来到伦敦自然历史博物馆。这也是我首次离开澳大利亚，绝大部分游学资金是通过出售自己所珍爱的 750 毫升排量本田摩托车而筹得的。计划为期 2 个月的英国和欧洲之旅，让我能够参加剑桥大学举办的古生物学和脊椎动物解剖学国际会议，并研究保存于英国、苏格兰、瑞典、丹麦、挪威、法国、意大利和德国的那些著名博物馆中的鱼化石。如果想要比较已知的鱼化石标本和我在完成论文期间发现的新化石属种，这样的博物馆研究是非常有必要的。

在伦敦的那个月，我在古生物系的一间备用办公室里工作。这儿只能看到自然历史博物馆的内部。所以，当澳大利亚朋友问起我关于伦敦塔（Tower of London）、白金汉宫（Buckingham Palace）、英国皇家植物园（Kew Gardens，常译作邱园）或威斯敏斯特大教堂

（Westminster Cathedral）的问题时，我不好意思地承认，我错过了所有这些风景——但我确实看到了一些令人惊叹的化石，并且徜徉在鱼类化石所造就的生命传奇之中！当然，并非每个人都赞同我的优先项。

虽然这可能不是最具文化启迪性的旅行，但首次到伦敦的游学之旅，事后证明对我整理下一年完成博士论文所需的鱼类解剖学细节有重大意义。我还在这次旅行中建立了包括迈尔斯博士在内的同行人际关系网。迈尔斯是泥盆纪化石领域的老前辈，在我随后独自在珀斯工作期间，我可以就古生物学方面的任何事情与他通信。后来多次重返自然博物馆时，我在"自己"的那间办公室里总是觉得十分自在。

2008 年 8 月，就在我们向全世界宣布母鱼研究成果短短几个月后，我又一次来到伦敦自然历史博物馆，并受到鱼类化石新馆长约翰松博士的热烈欢迎。尽管迈尔斯博士早就退休了，但这里仍然有一些我 1982 年在博物馆游学期间的老员工。约翰松把我安置在我的旧办公室后面，我立刻开始在博物馆的抽屉里翻找化石，它们按照分类位置被依次陈列在过道里。对于任何一个熟悉鱼类演化和分类等级排序方式的人来说，找到任何一件特定的标本，简直易如反掌。

为了查看两件我们特别感兴趣的槽甲鱼（*Incisoscutum*）[1]标本，我飞越了大半个地球。槽甲鱼作为戈戈化石点最常见的小型具膜质骨铠甲的盾皮鱼类之一，有许多很好的标本可供参考。早在 1981 年，布莱恩（K. D. Bryan）和迈尔斯就发表了他们对于这种小鱼的详细描述。他们在文中讨论的 2 件非比寻常的标本，保存了一些被描述为"未消化的胃内容物"的残余物，包括保存在肠道区域内的小盾皮鱼脆弱的骨骼遗骸。我们有一种预感，它们是一种与之前推测完全不同的东西。

约翰松在我们发表了那篇母鱼胚胎的文章之后，立即注意到了这一点，当时她正与特里纳伊斯蒂奇和我在其他鱼化石项目上开展密切合作。连续几周内，我们都在互相发送照片和兴奋的电子邮件，共同探讨这些遗骸究竟是被消化的食物残渣，还是胚胎化石。我从第一次看到那些照片，就产生了一种强烈的、近乎上瘾的渴望，那就是亲自检查这些潜在的胚胎化石，这样我们才能对此项发现有十足的把握。如果我们是正确的，这个发现将比之前报道的母鱼和它未出生的胚胎具有更加重大的意义：这将成为整个科学界真正影响深远的新闻。

原因很简单，但需要补充一些背景知识。我们以阿滕伯勒命名的母鱼，属于一种叫作褶齿鱼的盾皮鱼类群，我们在这一类群中已经发现了性双形之确凿证据：雄性有鳍脚而雌性没有，正如我们现如今在鲨鱼和鳐鱼身上看到的那样。我们注意到，著名的英国古生物学家沃森在 20 世纪 30 年代首次发现了褶齿鱼类中存在性双形的现象，但是直到 20 世纪 60 年代，厄尔维格才在雄性褶齿鱼——小梳尾鱼[2]的身上，正确地鉴定出了腹鳍的鳍脚，标本来自位于斯德哥尔摩（Stockholm）的瑞典自然历史博物馆。

我们的槽甲鱼则属于一个完全不同的类群——节颈鱼目（意思是"具关节的颈部"），它是盾皮鱼类中已知体型最大的一个类群。尽管世界各地众多的精品博物馆里收藏了数以千计精美的节颈鱼标本，但是这个由绝大多数已知盾皮鱼属种（超过 250 种）所构成高多样性类群，直到现在还从未显示出任何可观察到的性双形证据。节颈鱼类甚至从未被任何一位科学家怀疑过，是通过亲密的交配行为繁殖的。长期以来，它们一直被认为只是简单地通过在水中产卵来繁殖后代，就像现如今大多数鱼类那样。这是基于两方面的证据而得出的结论：其一是它们没有像褶齿鱼类那样的鳍脚；其二是化石沉积方面的证据显示，存在非常微小的节颈鱼类个体。这些微小形态中就包括格伦达鱼（ *Groendlandaspis* ）。我在 1994 和 1996 年到南非访问时，研究过这个属种，并与南非同事共同撰写了一篇文章[3]。那些完整的小铠甲（也就是用厚骨板完全包裹住鱼头部和躯干的骨骼）来自体长只有 1 英寸或略长的节颈鱼。这些发现意味着，它们更有可能是从一个集中的育儿场所孵化出来的，而胎生的幼体通常体型会更大。

2008 年的伦敦之行证实了我们之前的猜想：在两块槽甲鱼标本中发现的那些小骨片，实际上都是母体内尚未出生的胚胎。这些精美的小骨片保存较好，没有被胃液腐蚀的迹象，每个小骨片的外表面带有精致的纹饰，这是许多盾皮鱼幼体标本的显著特征。此外，通过对标本翻面，我可以进一步观察之前未被相机捕捉到的地方，这些小骨片确实在很多特征和轮廓细节上与盾皮鱼类幼体相吻合。但我们遍寻了这些小骨片的周围，依旧未能发现矿化的脐带结构所留下的丝毫痕迹。

尽管如此，这一发现的意义已经不言而喻：我们在这些原始鱼类的性习惯方面发现了一个令人吃惊的新事实。面对近 2 个世纪的详细研究，最后竟然是 20 世纪 60 年代从西澳大利亚遥远的北部随机采到的 2 件标本，揭示了盾皮鱼的最大一个类群——节颈鱼类的亲密关系之奥秘。我们现在知道，它们是在冈瓦纳古陆（Gondwana）*北部赤道附近的浅海赤道海域进行交配的——正如戈戈地区当时的化石沉积环

---

  * 曾存在于大约 5.5 亿年（新元古代）至 1.8 亿年（侏罗纪）前的超级大陆（见维基百科），包括今南亚、澳大利亚、南美、南极、非洲等陆块。——译者注

境，然后在母体内孕育幼体，等待其瓜熟蒂落，自谋生路。在整个过程中，不仅几乎没有原始行为的参与，而且更令人意想不到的是，在这个类群之前被发现的化石中，从未显示出存在特化交配器官的迹象。

因此，一个关于古生代生父的疑团产生了。虽然我们已经鉴定出雌性体内有胚胎，但仔细研究这个类群的腹鳍时，我们并没有在雄性身上发现有某种可以使雌性受孕的特化生殖器官。这个类群的雄性一定被收藏在世界上某个角落里。我们找到了这些小鱼的妈妈，可它们的爸爸究竟在哪儿呢？

在接下来的几天里，我们顺着之前的发现，在来自戈戈等经典化石点的其他节颈鱼标本中寻找蛛丝马迹。然而翻遍了博物馆中保存较好的所有戈戈盾皮鱼标本，我们依旧未能找到这个类群的雄鱼具有鳍脚状结构的蛛丝马迹。接下来我又检查了伦敦自然历史博物馆收藏的苏格兰老红砂岩＊中一种常见的节颈鱼——粒骨鱼（*Coccosteus*）的所有已知标本（观察这几百件的标本绝非易事），看看能否从中找到胚胎或者腹鳍上的任何特殊之处，为推测其交配方式提供线索。粒骨鱼本身与槽甲鱼有诸多相似之处，但我们对粒骨鱼的检查却一无所获。那么，这些远古的雄鱼究竟是如何得手的呢？

我们所寻找的证据很快就在我们眼前浮现了，它来自我们在澳大利亚的化石之中。

正如我在 1986 年采到的那件被遗忘的标本中未被识别出来的三胞胎情况一样，我在 1984 年研究的另一件古老的盾皮鱼标本，事后被发现对于了解脊椎动物交配结构的起源至关重要。

＊ The Old Red Sandstone：分布在北大西洋地区的岩石组合，以泥盆系陆相沉积为主，盛产鱼类化石。——译者注

1983年2月，澳大利亚在堪培拉主办了由全世界鱼类化石专家参加的首届国际会议，汇聚了从中国、爱沙尼亚、法国、英国和美国远道而来的众多化石爱好者。当时，早期鱼类领域中最令人兴奋的新发现来自中国。对我这样一名刚开启三年博士研究生生涯的低年级学生来说，遇到这种能够会见同行、恭听他们科研进展的机会，真是梦寐以求。

我当时在会议上展示了一篇文章，研究主角是我在维多利亚州中部（Central Victoria）的豪伊特山遗址（Mt Howitt Site）中采集的一种长相怪异的扁平状盾皮鱼[4]，称为叶鳞鱼（*Phyllolepids*）。直到20世纪60年代，唯一一件完整的、膜质骨彼此关联的叶鳞鱼化石标本才被找到，其地质年代可追溯至苏格兰的晚泥盆世。60年代在豪伊特山发现的这件新标本，不仅是首个保存有尾巴的完整鱼化石，还首次显示出颌骨、耳石等特征的细节，这些特征在之前要么人们鲜有了解，要么从未在盾皮鱼类中发现过。

我1980年第一次去豪伊特山化石遗址，当时正着手撰写该地区地质学和古生物学方面的本科论文。靠近霍卡河（The Howqua River）波光粼粼、满是鳟鱼的水域，我在豪伊特山山脚附近的一条土路横断处出露的层状页岩中，发现了鱼化石。这里不仅是我有幸工作过的最令人惊叹的地方之一，也是澳大利亚少数几个保存了中泥盆世鱼类各个生长阶段完整个体的化石点之一。豪伊特山化石遗址是在20世纪60年代，当地质学家马斯登（M. Marsden）绘制现如今横跨维多利亚东部高地的大高山国家公园（Great Alpine National Park）东缘的地图时发现的。随后在70年代初，莫纳什大学的沃伦（J. Warren）教授及其团队为找到鱼化石，用了几个挖掘季的时间，小心翼翼地将黑色页岩层移出来再劈开。最后，所有的挖掘成果都被带回莫纳什大学，等待着某个值得信赖的学生考虑以此为研究对象，撰写论文。

在 1980 年，我为了撰写本科论文，开始研究豪伊特山鱼类中一种常见的小型盾皮鱼，即沟鳞鱼（*Bothriolepis*）。完成了我的本科学位之后，我直接投入以豪伊特山的辐鳍鱼类（古鳕类）为着眼点的博士论文写作中。在研究过程中，我时不时地会将重心转移到豪伊特山的其他类群中，结果没过多久，我就对迷人的扁平状叶鳞鱼有了偏爱之心。

处理豪伊特山标本的方法与我们后来处理戈戈标本的方法几乎正相反。不同于戈戈化石，豪伊特山的鱼化石由于受到严重风化而保存不佳。研究标本的标准方法是将已经一分为二的化石（分别称为正模和副模），在弱盐酸溶液中浸泡一夜，然后轻轻地将鱼压印在黑色页岩上的骨骼擦去。清理后的页岩板用水洗干净后，对保留着化石原始形态的岩石表面用乳胶浇铸。乳胶皮上留下的铸型，可代表原始骨骼。可以对其表面进行拍照，以展示精美的细节。虽然整套流程完成后，原始的骨骼化石早已丝毫不剩，但是我们的乳胶已精确地记录下了化石原本的样子。

叶鳞鱼类多年来一直是谜一样的存在。起初，科学家们以为它们是外形比较特别的无颌类，与现生的七鳃鳗有亲缘关系。然而，豪伊特山的发现最终证明它们长有带牙齿的颌。1982 年，我在英国剑桥大学（Cambridge University）一个古生物学会议上就豪伊特山的鱼类作了一个简短的报告，指出由于该地区发现的叶鳞鱼类没有眼凹，我们猜想它们是盲的。

我的演讲结束之后，坐在前排的英国著名古生物学家韦斯托尔（S. Westoll）走过来告诉我，他同意这种盲眼叶鳞鱼的想法。几周后，我应邀拜访韦斯托尔并参观在纽卡斯尔*的房子里收藏的大量盾皮鱼标本与铸模，我们俩当时都在琢磨着这个神秘的叶鳞鱼类群。那时我就下定决心，要深入研究它们。即将于 1983 年 2 月在堪培拉举行的早期脊椎动物古生物学家会议，看起来似乎是我澄清关于叶鳞鱼类一些秘密的机会。

　　我在 1983 年会议上所作的有关豪伊特山盾皮鱼的报告很精彩，同事们敦促我将自己的研究发现发表在会议记录上。我根据头甲骨片的形状，确定这些鱼类化石代表一个新的属。如前所述，我将其属名命名为南方叶鳞鱼（Austrophyllolepis），意思是"来自南方的叶鳞鱼"（当时唯一已知的另一属——叶鳞鱼属，来自东格陵兰、欧洲和北美洲的晚泥盆世）。

　　尽管大多数关于新化石的描述是常规性工作，但我还是在一个小问题上被困扰着：它们的腹鳍区域存在一些奇怪的骨骼，我从未在其他盾皮鱼化石中见过类似的。其腹鳍是由一块扁而宽的骨片构成，上面还着生了一块非常奇特、指向躯体末缘的长管状骨骼。我把这块骨骼鉴定为"后鳍软骨"。在当时看来，它不过是盾皮鱼类鳍部结构中的一个常见组成部分。我隐约觉察到，由于这些骨骼仅存在于一部分标本中，因此它们甚至有可能就是性双形的特征，其中长尾状的腹鳍相当于雄鱼的鳍脚。从统计学角度看，由于没有确凿的数据使人信服，故而最后我留下一个开放式的结论，强调我怀疑这些结构可能用于繁殖，但缺乏证据以证明这一点。

　　在 25 年后的 2008 年，为寻找世界上最古老的脊椎动物阴茎，我们决定检查一下我们所有已知的保存完好的盾皮鱼化石腹鳍。特里纳

---

*　Newcastle：英格兰东北部泰恩威尔郡地区的一座城市。——译者注

伊斯蒂奇和约翰松分别在伦敦自然历史博物馆和西澳大利亚博物馆重新检查了来自戈戈的标本。墨尔本博物馆里收藏了我所有的博士研究材料。一回到大本营，我就找出能展示腹鳍的最佳标本，为它们的结构做了新的乳胶皮，尝试从中找出我早期研究中忽略的任何细节。

　　几十年后重温这些化石标本，对我来说更多地是一种情感上的体验。首先，这里有你所记住的每一块标本的海量数据，特别是在野外发现的特殊标本，或是其他难以处理或解释的标本。与此同时，这些标本也给我带来了关于老朋友、家人和我第一个孩子的鲜活记忆。这些都是我在努力完成化石描述的手稿期间发生的——化石的这种隐形价值，只有它们的发现者与描述者才知道。在 2008 年对这些化石的重新检查，将能够揭示它们的庐山真面目。这一过程不是通过某种神秘的直觉，而仅仅是凭借近年来在原始鱼类鳍和腰带发育方面发表的科学新进展。我注意到，被我视为"后鳍软骨"的这块指向鱼类头部另一端的管状骨，与在所有鲨鱼、鳐鱼和全头类腰带中发现的修长状"基鳍软骨"更为相似。

　　基鳍软骨 * 将成为我们了解脊椎动物交配行为起源之关键所在。通过将豪伊特山南方叶鳞鱼标本中修长的基鳍软骨（见图版第 2 页彩图 6 ），与现生鲨鱼、鳐鱼、全头类和许多原始硬骨鱼类群腹鳍骨骼进行比较，我们发现了它们彼此之间一个明显的相似性，这一点之前从未被任何一位盾皮鱼研究者所发现：只有鲨鱼、鳐鱼和全头类这些通过交配来繁殖的鱼类，才会在腹鳍上发育有一块很长的基鳍软骨。这种相似性，连同在自然历史博物馆收藏的戈戈节颈鱼类槽甲鱼中新发现

---

　　* 鱼鳍基部的大型软骨。——译者注

的胚胎，一同构成了强有力的证据，支持这些节颈鱼类同时也是分布最广、多样性最高的盾皮鱼类，一定是通过交配来繁殖的，就像褶齿鱼类一样。此外，由于叶鳞鱼类盾皮鱼在节颈鱼的系统发育演化树上稳固地处于基部附近的位置*,因而其他所有的节颈鱼很可能也是通过交配来繁殖的。

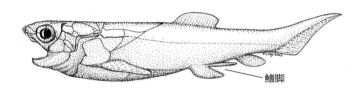

槽甲鱼复原图
来自戈戈化石点的这条雄性小节颈鱼展示出鳍脚。同时参见图版第 2 页彩图 5。（朗）

　　另一个很奇怪的事实是我在重新研究叶鳞鱼腹部骨骼时发现的。坚固而修长的基鳍软骨并没有逐渐尖灭，变成一个光滑端，而是延伸到一个尖锐的"关节面"处戛然而止：这显然不是鳍的末端，一定有别的结构与之相关联。我们认为，这可能正是鳍脚着生于鱼鳍上的地方（参见图版第 3 页彩图 7）。

　　时间到了 2008 年年底，我们仍然没能在任何一条戈戈节颈鱼身上找到雄性鳍脚的确凿证据，但是我们确实发现了一些与众不同的标本，这些标本的腹鳍上都着生有基鳍软骨。事实上，几乎所有已知保存有腰带的戈戈节颈鱼，都能在腰带上找到与朝后的大基鳍软骨相关联的关节面。我们只在槽甲鱼的标本中发现过真正的基鳍软骨，和我们在

---

*　基部是靠近系统发育树之根的方向，处于基部位置的属种保留有更多的原始性状。此处的表述意味着叶鳞鱼在节颈鱼类中比较原始。——译者注

伦敦自然历史博物馆早期发现的新胚胎是同一种鱼。

　　戈戈标本中的基鳍软骨，可以呈现出清晰的三维立体形态。骨骼的末端并没有逐渐尖灭，这点和我们的叶鳞鱼完全一样，但有一个用来关联另一腹鳍组构的小关节面。证据显而易见，在鲨鱼和鳐鱼中，基鳍软骨支撑着关节软骨及其后的雄性鳍脚或雌性更短的软骨组构，盾皮鱼应该也有类似的形态。我们的第二篇文章现在有了一个很好的例证，能够表明节颈鱼类会发生亲密的有性繁殖行为，而且至少有一些属种是胎生的。

　　在那年年底，特里纳伊斯蒂奇、约翰松和我将文章投给了《自然》杂志[5]，文中宣布了第一批发现的节颈鱼胚胎，还证明了节颈鱼腹鳍的基本结构与那些用鳍脚交配的鱼类具有显著的相似性。我们认为，交配行为在早期鱼类的演化过程中，比以往所认为的分布范围更广。到 2009 年 1 月底，我们又一次登上了报纸，一起刊登的还有一则大新闻和乌普萨拉大学（Uppsala University）阿尔贝里教授（P. Ahlberg）撰写的观点专栏，内容有我们发现的意义、第一作者（我）的简介，以及一部包括对所有作者采访在内的在线迷你纪录片。实际上，他们这完全是在给我们加活儿。这则故事在新闻界掀起了巨大的波澜，媒体再一次对我们研究团队成员进行了铺天盖地的报道。

　　我们找到了烟，但还没有找到枪，也就是雄性节颈鱼的鳍脚。这个世界上最古老的脊椎动物阴茎仍未被发现——也可能这一切仅仅是我们的一厢情愿。讲这个故事是为了让感兴趣的局外人能够认识到，我们正在面对的到底是什么问题。

第 6 章

找到鱼爸爸

1920 年的绝大部分时间花在了电刺激损毁脑脊髓的鳐鱼上……

我还没有见过鳐鱼交尾，但一位可靠的权威专家告诉我，对于这些体型更大的属种，一次只插入一个鳍脚。

——利-夏普（W. H. Leigh-Sharpe）（1881—1950 年）《鳍脚传》

有时，当我们真正沉浸于研究中时，会在不经意间瞥见那些非凡人物难得一见的以往生活，而这些发现往往源自对晦涩课题所进行的探索。为了解我们搜寻丢失的节颈鱼鳍脚时，究竟应该找什么，我们研究了鲨鱼和鳐鱼雄性生殖器的内部解剖特征。在此过程中，我偶然发现了一系列文献，它们提供了我可能想要的关于这些鱼类私密行为的所有信息。相关论文陆续发表在 1920—1926 年间的《形态学杂志》（*Journal of Morphology*）上，论文作者是一位真正杰出却鲜为人知的英国科学家利–夏普（W. H. Leigh-Sharpe）[1]。他最特别的工作是用了一套精美的解剖图与他的实验结果相结合，共同展示了软骨鱼类（包括鲨鱼和鳐鱼）的鳍脚是如何发挥作用的。这一切都出自一位毕生专长既非鲨鱼也非脊椎动物，却研究寄生桡足类的科学家，这种桡足类是与螃蟹和龙虾有着远亲关系的小型甲壳动物。利–夏普对这些寄生虫如何进入鲨鱼身体内很感兴趣，于是他偏离了原来的科研重心，花了几年时间来研究鳍脚的解剖结构。他成为确认鲨鱼利用海水将精子泵入虹吸腺的第一位动物学家（他的实验是用水冲刷一根从死鲨鱼鳍脚穿过的软管），寄生虫正是借由这条途径被引入体内。他的研究最终使他确定：人类的柯柏腺体（产生精液的一种成分）实际上具有相同的功能，并且发育方式与鲨鱼鳍脚腺体相同。鲨鱼的这个腺体，会分泌出一种富含蛋白质的液体，这种液体在遇到海水时会立即凝结，从而封闭鳍脚上发育的沟槽，以便形成一个管状结构，这样精子就可以高效地从雄性鳍脚传到雌性体内。此外，腺体的分泌物还可以润滑鳍脚，从而进一步协助精子通过。因此，正如利–夏普所观察到的，柯柏腺体在鲨鱼和人类体内的功能是相同的。利–夏普给我们留下了一份如此不朽的遗产：他在鳍脚、桡足类和其他动物方面撰写了 71 篇科学论文，并对一本主流的动物学教材有贡献，这本书最初是由著名的英国小说家和动物学家韦尔斯（H. G. Wells）撰写的。在科学领域之外，利–夏普也是一位天才的作曲家，曾出版过 10 首原创钢琴曲，而他本人在1950 年逝世时却一文不名。

　　问题是，一个人是如何或者为什么会被鲨鱼的鳍脚彻底迷住呢？对于我自己来说，跟其他人同样念念不忘之处在于，这是一场关于它们史前起源的追寻之旅。随着我们研究小组在古老的盾皮鱼中发现了支撑鳍脚的一根长腹骨——基鳍软骨，我们接下来需要做的，就是在种类繁多的节颈鱼类群中，找到鳍脚确实存在的证据。世界上最负盛名的古生物学家之一、来自瑞典乌普萨拉的阿尔贝里教授，在一次机缘巧合的访问之后，很快发现了拼图的最后一块。阿尔贝里是我的老朋友——他和我在1990年第一次通信，当时他还只是一名硕士研究生，研究肉鳍鱼中一个名叫孔鳞鱼的外貌奇特、目光狡黠的类群。阿尔贝里还在《自然》杂志上写过一篇评述，强调我1989年在戈戈发现的化石，由于保存精美而具有"不可估量的科学价值"。我在1992年到伦敦自然历史博物馆访问时，终于和他碰了面，那时他刚当上鱼类化石的新馆长。

在20世纪90年代，阿尔贝里曾在澳大利亚的多个场合跟我会面，其中包括一次难忘的旅行，当时他与特里纳伊斯蒂奇博士和我一起去了既偏僻又满是尘土的西澳大利亚内陆的野外。那时，还是一名博士生的特里纳伊斯蒂奇正在威廉堡站（距卡那封 * 内陆方向150或250公里处）附近研究努德纳组的岩石和化石。我俩的任务是收集脊椎动物化石，并协助特里纳伊斯蒂奇绘制努德纳组的地质图。两位俄罗斯古生物学家作为恐龙巡回展的陪同，也随我们一起考察。结果可想而知，这次旅行可谓十分惊心动魄。

启程那天，阿尔贝里、特里纳伊斯蒂奇和我来到了位于火车站的西尔斯卡特尔（Shearers' Quarters），结果发现当天是"俄罗斯地质学家日"。那两位俄国人坚持要我们一起分享了很多纯伏特加，来庆祝这

---

* 南澳大利亚州的一个县。——译者注

一天。第二天虽然我们都头痛欲裂，仍贸然到野外采集化石。我们在晴天之下劳作了几日之后，某一天雨水突然倾盆而下。在道路快被淹没和变得泥泞不堪以前，我们开着四驱汽车侥幸逃离了野外化石点。

在大雨中，蛇和其他可恶有毒的生物都会朝向高而干燥的地面移动，我们下榻的车站民宿正是这种情况。民宿老板珀西（J. Percy）被一种极其恶毒的大黄红蜈蚣咬了。由于特里纳伊斯蒂奇也是一名训练有素的护士，她力所能及地提供了帮助，开始给他监测生命体征。通常情况下，在偏远地区发生这样的紧急事件，可以致电飞行诊所，然而大雨致使着陆带无法正常使用。经历了几天的命悬一线之后，他的腿居然奇迹般地消了肿，人也开始有了恢复的迹象。

1997 年，阿尔贝里再次到访珀斯。这次是来参加脊椎动物会议，并陪同我们和多位国际古生物学家实地考察戈戈化石点。近些年，他开始参与包括戈戈鱼类化石在内的研究项目，这项任务让他在 2009 年年初再次跨越大半个地球，来到西澳大利亚博物馆研究戈戈的标本——其中有相当数量的标本甚至还没来得及处理。阿尔贝里和特里纳伊斯蒂奇在珀斯的科廷大学（Curtin University）共同研究了一块节颈鱼标本，编号 WAM 03.3.28。这块标本完好地保存了腰带。早在 2001 年，我在野外发现了它，然后把它作为一个项目的一部分，分配给一位研究动物学的优等生——比福得（K. Bifield），让他着重检查尾部和腹鳍的结构。多年以来，对戈戈盾皮鱼类的尾部仅进行过粗略研究，这主要是因为很少有标本能够保存大部分尾部。先前出版的关于戈戈节颈鱼类的最详尽研究工作，是由英国动物学家布莱恩（K. Dennis-Bryan）[2] 博士完成的。她的专业领域是哺乳动物，但是她在

20 世纪 70 年代末协助迈尔斯博士研究了一些戈戈节颈鱼类标本之后，很快就接管了这个领域，并成了核心专家。

布莱恩与迈尔斯对戈戈盾皮鱼类的研究，为戈戈标本的尾部和腰带提供了最详细描述。他们对槽甲鱼这一部分（尾部和腰带）的描述尤其精确，给出了椎体、腰带和桡骨这些用以支撑鳍部的骨质组构的清晰解剖学特征。戈戈节颈鱼每一根腰带的后端都有一个大洞，他们将其标识为后鳍软骨，或腹鳍的后部。而我们最近的发现才阐释清楚，这个大洞实际上是基鳍软骨的关节面。这是一个重要的区别。在上文我们说过，基鳍软骨是所有鲨鱼、鳐鱼和全头类雄性腹鳍中与鳍脚关联、朝后延伸的修长骨骼。

所以，回到 2009 年年初的那一天，正在访问西澳大利亚博物馆的阿尔贝里和特里纳伊斯蒂奇一起，重新检查了我们的节颈鱼标本——WAM03.3.28。阿尔贝里发现了一些多年来我们未曾注意到的事情。我们之前所认为的与暴露在外的大腹鳍骨相对的小腹鳍骨内侧，实际上正是我们拼图中缺失的一块。你瞧，真正的鳍脚愈合到了基鳍软骨的末端——他发现了被他称为"托德格"*的化石。正是鳍脚非比寻常的形态，任谁都难觅其踪。我们一直在寻找的是类似于褶齿鱼类或现生鲨鱼的那种鳍脚，它们的鳍脚是一种与基鳍软骨后端关联的、独立的骨质或软骨质结构。与此形成鲜明对比的是，上述那种非比寻常的鳍脚与基鳍软骨愈合在一起，使之看起来像一个圆锥形的头部，上面发育有边缘清晰的嵴和不规则的突起。可以这么说，这个瘤状的头，才是起作用的一端。

---

* todger：阴茎的俗称。——译者注

节颈鱼鳍脚上瘤状的末端，与哺乳动物阴茎的头部有些相像，尽管两者从科学意义上说并不完全是同源（或对应）*的结构。在交配过程中，节颈鱼鳍脚头上的嵴和不规则的骨质突起，协助鳍脚固定在合适位置，表明鳍脚可能不像现生鲨鱼的鳍脚那样可以直挺。事实的确如此，由于鳍脚固定在一个长而弯曲的空心骨轴上，意味着鳍脚上的任何部分都不可能轻易地相对于腹鳍移动。鳍脚上也没有一个明显的沟状结构用来传送精子，所以这一功能必由基鳍软骨软组织上的那些管或沟来负责。在盾皮鱼个体体型最大的类群，也就是节颈鱼类中，发现了这种雄性交配器官。如果我们这种假设是正确的，那么在雌性中应该有一个对应的结构，来证明这些鱼类确实是性双形的。

不久以后，我们在一个神奇的化石点找到了另外一件基鳍软骨，当时比福得准备用这件化石研究腰带结构。这第二件基鳍软骨相较于第一件更小，并且缺少在其他雄鱼的基鳍软骨上所看到的最大延伸长度。不幸的是，由于标本的尖端没有暴露在外，而是藏在了腰带下面，因此我们无法进一步描述它，也无法确认它是否缺乏在其他雄性器官中所见到的那种瘤状末端，但是它确实比雄鱼中的长鳍脚更短而且更宽，我们因此认为这件只可能是雌性的基鳍软骨。

如果我们事先了解现生鲨鱼及其近亲是如何交配的，将有助于我们了解盾皮鱼类的生理学，以及它们的交配行为又是如何与鲨鱼及其近亲发生分异的。现生鲨鱼的鳍脚是一种极其复杂的器官，在鳐鱼和全头类中更是如此。首先，它们是真正可以勃起的器官，意味着血液

---

* 同源意为遗传自共同的祖先。——译者注

必须能够被泵入海绵组织中，以充盈鳍脚。当雄性哺乳动物（其中的一些）想交配时，会带着早已直挺的阴茎靠近雌性，摆明了交配意愿。在鲨鱼和鳐鱼中，鳍脚起初只是部分勃起，并向前移动，插入雌性泄殖腔后再完全膨胀。所以，一旦进入雌性体内传递精子，鳍脚不容易从雌性体内脱落（参见图版第 3 页彩图 8）。

为完成交配的任务，正如第 3 章所述，一些鲨鱼在鳍脚末端发育有带钩和刺的小鳞片，这样勃起的鳍脚就可以从里面抓住雌性体腔，雌性鲨鱼的卵巢直接通向体腔，它们没有阴道或者特殊的生殖管来容纳鳍脚。这就意味着，一旦鳍脚进入了雌性泄殖腔，就相当于进入了颇为开放宽松的空间。当传递精子时，任何可借以锚泊在雌性体内的结构，都显然是一个巨大的演化优势。

在现生的灰礁鲨（钝吻真鲨，*Carcharhinus amblyrhinchus*）中，单是交配前的仪式就得花费很多时间。雄性为了接近雌性而开始相互竞争，然后雄性会咬雌性的头、颈和背部，直到雌性屈服；接着雄性用嘴紧咬住雌性的胸鳍，并将其翻身，再找个地方将其困住，这样雄性就可以得逞。它迅速向前的鳍脚很快插入雌性体内，停留至少 4～5 分钟；与此同时，精子以小团簇状（称为"精子囊"）转移到雌性体内[3]（也参见图版第 3 页彩图 9）。

西澳大利亚默多克大学（Murdoch University）的诺曼（B. Norman）博士，毕生都在研究鲨鱼世界中一种温和的庞然大物，即热带滤食性鲸鲨（*Rhinodon typicus*）[4]。他和施密特（J. Schmidt）博士领导的一个团队最近发现，雌性鲸鲨可以储存精子，并在交配后使用它们，在一年内陆续受精形成胚胎。更令人惊奇的是，这些鱼都是超级妈妈：据记载，一条怀孕的雌性鱼体内大约可以有 300 个胚胎。

一旦鱼卵受精，所有雌性鲨鱼和鳐鱼要么在体内发育胚胎，生下一窝幼仔（胎生）；要么在体内用坚硬的角质卵壳包裹住胚胎，产下它们，然后让它们自力更生（卵生）。在某些属种中，在母鲨鱼体内发育的胎儿会互相残杀来争夺营养，最终只有 2 个体型最大的幼鲨能够出生于世。在极少数情况下，有些雌性鲨鱼可以单性繁殖，能发育出与自身遗传基因完全相同的受精卵，而不需要雄性让其受精。这个现象在几种被圈养的鲨鱼身上已被观察到。在这种情况下，雌鲨终其一生都未与雄性鲨鱼接触，但是仍然能够生出幼鲨。最近报道的一个事件说明，即使单性繁殖的后代，也能够成功繁育下一代。因此，这种现象并不是后天突变造成的演化死胡同。

我们的研究从发现盾皮鱼类两大类群＊的胚胎，到确认体内受精在早期脊椎动物演化进程中首次出现和迅速成为主流特征的时间节点。这一切为什么会发生？麦克阿瑟（R. MacArthur）和威尔逊（E. O. Wilson）[5]在 1967 年出版的一本生态学经典著作《岛屿生物地理学理论》（Theory of Island Biogeography）中确认，选择压力会驱动演化向两大趋势发展：采取 r 策略或者 K 策略。r 策略发生在不稳定或高压的环境中，这种情况需要快速繁殖才行。动物对此的应对策略是繁衍出大量后代，因为它们生活在一个残酷的世界里，它们中的多数将成为其他生物的盘中餐，而只要少数个体能够存活下来进行繁殖，它们的种族就可以延续。鱼类中采取 r 策略的例子是鳕鱼，个体能产生数百万健康的小鱼，但是只有少数会活到性成熟。

在稳定且可预知的环境中，K 策略的生物会投入更多时间和精力

＊ 即褶齿鱼类和节颈鱼类。——译者注

来繁育数量更少但更发达的后代。采取这个策略的属种包括大多数哺乳动物，特别是我们人类。因此，我们对盾皮鱼类养育胚胎的发现，确认了它们是脊椎动物谱系上的首位 K 策略家。

这是否意味着，它们是最早生活在稳定环境中的类群？这很有可能表明，3.75 亿年前，生活于温暖热带海洋中的珊瑚礁，对这些鱼类所在的生态环境具一定程度的平衡作用。对这些鱼类来说，只需将几个幼体抚养长大即可，在此过程中它们自己也不会被吃掉。这就表明，当时有可预见的稳定微环境，以供它们休养生息。也许，大型珊瑚礁系统的演化，为怀孕的母鱼提供了许多安全藏身之所，使它们远离更大的捕食者。到目前为止，我们只注意到了那些小型物种的繁育情况，却对体型最为庞大的盾皮鱼的生殖生物学知之甚少。比如体长可达 25 英尺（7.6 米）的捕食者邓氏鱼（*Dunkleosteus*），目前知道的仅有密歇根大学（University of Michigan）卡尔（B. Carr）博士在 2010 年古脊椎动物学会会议上报告的一个归类于邓氏鱼的卵[6]。这枚硕大的卵壳里面有小骨头，上面有结节状纹饰，表明这类体型最大的盾皮鱼必然是通过体内受精的，否则它们就会像其他的鱼类那样，产下大量非常小的卵。像鲨鱼之类巨大的卵再次证明了这个观点，即这些古老的节颈鱼也有一套类似于鲨鱼的生殖系统，这套系统既适用于胎生，而在本例中又适用于卵生。幼体在体内发育到晚期阶段，变成几枚大卵之后被产出。

阿尔贝里的这一最新发现，再加上对鲨鱼繁殖行为更多的观察和推测，引发了人们的诸多疑问：最早的有颌类是如何交配的，可能以何种方式养育它们的幼体？看看文献就会发现，鲜有人认真思考过这个让我们现在着迷的问题：那些身披铠甲的古老盾皮鱼，是如何发生性行为的？更少人会去想象：这些盾皮类可能喜欢什么样的体位？

　　关于盾皮鱼爱之舞方式的推测，正是我们下一阶段的研究内容，特别是对已知最早的脊椎动物之爱究竟是怎么个样子，我们将要制作一个动画来展示我们对此的最佳猜测。（相信我，我是一名科学家！）

第 7 章

泥盆纪的卑下与龌龊

格皮在新西兰北岛遇险，幸运地被毛利人救下，并与他们非常幸福地生活在一起。他漫游于山丘和森林，收集标本，尽情地享受生活。虽然当时适逢毛利人的战争期，但是他们依旧热情地对待他。在临终前，他喜欢谈论与他们的冒险经历，并展示自己的众多文身——包括背上一艘航行的独木舟，以及无名指上一枚戒指！最后，他及时离开了那里，并解释说，那是为了不想和酋长的女儿结婚。

——伊索特·布里奇斯（Yseult Bridges）[1]

《热带地区的孩子》

1856 年，英国业余博物学家格皮（R. J. L. Guppy）被困在新西兰海岸，并与毛利人一起生活。那时他绝不会想到，他的姓氏将被人们所熟知。这既不是因为他的英雄事迹和冒险旅行，也不是因为他之后几年所写的大量科学论文，而主要是由于他几年前所做的一件事情。当时，他将一条来自特立尼达（Trinidad）的五颜六色的小鱼，寄给了伦敦自然历史博物馆的鱼类管理员。最终，这种鱼以他的名字命名，被称为"格皮鱼"（*Giradinus guppii*），俗称"孔雀鱼"。在"格皮鱼"成为非常流行的术语之后，该名称被网纹花鳉（*Poecilia reticulata*）取代，意味着它比 *Giradinus guppy* 更早出现，因此具有命名优先权 *。

　　如今，孔雀鱼在世界各地水族馆中广受欢迎。孔雀鱼的大多数辐鳍鱼 ** 亲属将卵产在水中，然而孔雀鱼不同，它与另一些辐鳍鱼类通过奇怪而暧昧的动作进行交配，可它没有鲨鱼和盾皮鱼那样发达的鳍脚。因此，为了对盾皮鱼的交配行为作出最佳的科学猜测，我们首先需要广泛了解鱼类的受精过程，看看它们在做这件事时会多么有趣。

　　不同类群的鱼类，独立演化出了多种巧妙的环境适应力，并以此来应对开放水域中产卵的风险（在平静的海洋中产卵还好，但在湍急的小溪与河流中，必须有让精子和卵子接近的不拘什么新奇方法，才有利于后代的生存）。因此，我们发现鱼类在它们的进化过程中，出现了许多特殊的交配适应[2]，这种适应已经从海洋转移到了淡水栖息地。

　　孔雀鱼是很好的例子。雄鱼具有一根特化的臀鳍棘刺，名为"生殖足"，其上有一个凹槽，可以将精子传递到雌鱼的泄殖腔中。世界各地的热带鱼爱好者，都喜欢繁殖孔雀鱼。这并非难事：只需将它们放入温度适宜、水质良好的鱼缸即可。

---

　　* 优先律（law of priority）是国际上生物命名的一条原则。一个生物分类单元的有效名称，应是符合"国际动（植）物命名法规"规定的最早的可用名称。——译者注
　** 硬骨鱼中数量最多的一个亚纲，与肉鳍鱼亚纲共同组成硬骨鱼纲。——译者注

另一些热带的辐鳍鱼，有着相当怪异的性生活——交配后快速将卵和精子含在嘴里，使卵子受精。日本研究员幸田正典（M. Kohda）和他的同事发表了一篇论文，有着引人注目的标题——《雌性鲇鱼饮下精子：一种新的授精方式》[3]。尽管令人有些难以接受，但这确实是一种新奇的怀孕方式（女性读者不必害怕以同样的方式怀孕，这种方式只对小型亚马孙鲇鱼有效）。青铜甲鲇（*Corydoras anaeus*）是一种流行于世界各地的 r 策略水族馆物种。它们已经演化出一种交配仪式，即雌鱼将她们的身体与雄鱼的腰部成直角对齐，并用嘴靠近雄鱼的泄殖孔。在雄鱼排出精子的一瞬间，雌鱼将其吸入嘴中。片刻后，雌鱼从泄殖腔排出受精卵。

起初，科学家们无法弄清这种鲇鱼的生殖系统是如何快速完成授精的。但借助在水中放置蓝色染料，他们得以观察到精子随着水流被吞进嘴里。精子一旦进入雌鱼口腔，就会被各种导管运输到体腔内。而在此之前，卵子已从卵巢中排出。请记住，这些小鱼生活在湍急的溪流中。若精子流到水里，鱼卵可能会被水流立刻冲走。对于其生活环境而言，这是一套完美的系统。

生活在深海的雄性角鮟鱇（*Ceratias*）遇到吸引它的雌鱼时，通常不会将"花和巧克力"藏在鱼鳍下。它们所生活的深海寒冷又黑暗，深达 3 000 英尺（900 米）。在漆黑的水域中，发现配偶已实属不易，更不用说找俊俏配偶了。就像所有寻求配偶的雄性一样，当雄性角鮟鱇最终与潜在配偶接触时，必须作出一项非常重大的决定：他是继续像个单身汉一样过着自由游荡的生活，想什么时候和伙伴们一起游泳和觅食就什么时候去呢？还是将他那微不足道的身体吸附在雌鱼身上（雌鱼体重可能是雄鱼的 50 倍），最终与她完全融合，慢慢放弃自己所有的内脏，直到几乎只剩下一层外皮和他的大睾丸袋，然后完成他唯一的使命：为雌鱼的卵子受精？

从本质上讲，雌性角鮟鱇变成了雌雄同体。雄鱼像是寄生虫，总是在给雌鱼的卵子授精。他是以这种不太引人注意的方式存在，除了创造精子并将其提供给雌鱼之外，自身一无所有。受基因控制，雄鱼将自己寄生到可选择的雌鱼身上，因为在阴暗的深渊中，他可能永远不会再遇到下一配偶。事实上，这种寄生的雄性甚至无法享受一夫一妻制的奢侈，因为每当个体更大的雌鱼有卵子需要受精时，她偶尔也会接受更多的雄鱼，来为她提供更多可能的遗传变异。

鱼类在没有实际发生交配行为时，其性行为依然可以非常激烈。当雌性蓝头濑鱼（*Thalassoma bifasciatum*）[4]与个头大的雄鱼一起前往产卵地时，它们需要警惕那些在旁边持续骚扰的小个头雄鱼。这些侏儒会经常去触碰雌鱼，有时会使她们排出一些卵子。接着，这些侏儒无耻地排出精子，使那些刚被排出的卵子受精。

雌雄个体不对等的其他交配方式，在毛鳞鱼（*Mallotus*）中也能见到。它们生活在北欧、俄罗斯、冰岛和加拿大等地的北极水域。这些小型鱼类形成大型鱼群，成为北极水域中主要的滤食动物，也是人类重要的食物来源，因此它们的繁殖方式在北方国家中引起了极大的兴趣。有些鱼在数尺深的潮汐带交配，而其他鱼则在海滩上完成交配。有时两条雄鱼和一条雌鱼聚集在一起，组成"三人组"，以获得潮上带区域的短促性爱。海浪袭来时，雄鱼快速游到海滩上，并将雌鱼体内的鱼卵挤出，雌鱼宛若被雄鱼夹在中间的三明治。雄鱼的精子一旦落到鱼卵上，绝大多数雄鱼便会死去（此种行为的更多例子将在第 10 章提到，其中描述了一种跟毛鳞鱼关系较近的鱼——银汉鱼）。

　　因此在交配时，鱼类可以通过许多奇异的方式变得十分有意思。大多数人可能认为，鱼类可以跟能够找到的任意配偶随机交配，但事实并不一定如此——生物学中的任何规则几乎总能找到例外。海马（*Hippocampus*）和一些海龙（*Syngnathus*）在繁殖季节里保持一夫一妻制，并被看作已经演化出保护配偶的方式，来增加繁殖成功的概率。

　　海马的交配行为和亲代抚育方式也非常独特。它们需要经历漫长的求爱仪式，可能包括持续几天的梦幻般的并排游泳，改变身体颜色，并围绕同一股海草缠绕在一起。这对恋人在一场感性的舞蹈中达到高潮，交织在一起可长达 8 小时。最终，它们会鼻尖相碰，并缓慢地螺旋上升。雄海马往身体前方的育儿袋鼓吹海水而使之膨胀，以展示他已做好了接受鱼卵并使之受精的准备。当雌海马向育儿袋释放鱼卵时，雄海马随即精准地向育儿袋内排出精子，使鱼卵受精。之后，雄海马会负责照看育儿袋中的受精卵，保护它们免遭危险，并为其孵化提供合适环境，这一过程可能需要 9～45 天。一旦小海马孵化出来并四散游走，海马爸爸的责任就算完成了。

　　考虑到现生鱼类奇怪的交配行为，生活在古代的盾皮鱼类又是如何交配的呢？褶齿鱼类可能用它们那弯曲有尖的鳍脚插入雌性体内，或者只是用其勾住雌性，并促使彼此的泄殖腔接触。实际上，我们并没有确切的证据，证明雄鱼的鳍脚插入雌鱼的体内。经过仔细检查，它看起来很难使用这种弯曲的骨骼结构来完成这一行为，因为鳍脚上有锋利的嵴，并且末端呈钩子状。

　　一些褶齿鱼类，如在俄亥俄州晚泥盆世克利夫兰（Cleveland）页岩中发现的弓棘鱼（*Cyrtacanthus*），有一个巨大的鳍脚——长约 6 英寸（15 厘米）。这些带有尖刺的鳍脚，看起来并不能插入雌鱼脆弱的身体内部，也没有任何可传送精子的结构。褶齿鱼类也许就像鱼母属（*Materpiscis*）的雌鱼一样，具有原始的性行为，以类似于许多青蛙和鸟类的交配方式，通过更原始的泄殖孔对接，以实现交配。使用钩状鳍脚抓住雌鱼，并将彼此的身体靠在一起，雄鱼可以将它的精子运送到雌鱼体内，从而使鱼卵在体内受精。

　　但阿尔贝里在 2009 年访问西澳大利亚时，首次发现了槽甲鱼（*Incisoscutum*），它的鳍脚完全代表了另外一种情况。在槽甲鱼上，我们看到在基鳍软骨上有一个非常长且相对笔直（不是钩状）的细长杆状物，在它的尖端有一个小而略带瘤状突起的鳍脚组件。它的长度暗示了它的实际功能。鳍脚的方向背离雄鱼的头部，从垂向的大关节面可以看出，鳍脚的灵活度非常有限。因此，鳍脚可以轻易插入雌性泄殖腔的深处。

　　由于这一杆状物光滑且细长，它很可能被软组织包裹，从而具有用于传送精子的凹槽。除此之外，该结构似乎并不像褶齿鱼类钩状且具瘤状突起的鳍脚那样，被用于抓住雌性。我们可能在它身上看到了第一个真正的插入器官例子。这也许是世界上第一个在脊椎动物中发现的插入器官的原始模型，并且它与人类阴茎在形状设计上相差不大。

　　情况果真如此的话，像槽甲鱼这样的盾皮鱼，就的确具有健全的生殖器。迫于身披厚重骨板所导致的不便，它们具有比哺乳动物阴茎更长的鳍脚（相对于身体总长）。九带犰狳（*Dasypus novemcinctus*）拥有巨大的阴茎，可能也是出于相同原因。沉重的铠甲阻碍了简单的浪漫，所以雄性成员需要一个更大的生殖器。如果犰狳的体型与人类等大，那么它们的阴茎需要长到 4 英尺（1.2 米）。

但在脊椎动物世界中，槽甲鱼的鳍脚，这个最原始的阴茎最惊人的特征是只能朝向后方，背对着雄鱼的头部。只能向后伸出，远离雄鱼的头部。这意味着它们不能像许多现生鲨鱼和鳐鱼一样，使用简单的"传教士"风格的交配体位*。事实恰恰相反，它们必须使用"69 式"交配体位，即雌鱼将背部贴在柔软的海床上，而雄鱼将略微竖立的鳍脚向后插入雌鱼的泄殖孔内。

我们怎么知道鳍脚是略微竖立的呢？因为基鳍软骨（支撑鳍脚的近端）与腰带之间的关节有一定弹性，所以需要使它周围的软组织更加直立，以便控制鳍脚的插入。雄鱼也可能使用它的下颌和柔韧的胸鳍，抓住雌鱼的部分盾甲，这有助于将鳍脚插入雌鱼体内所需的扭曲和转动。

在充分想象了这些古老的鱼如何做这件事之后，我们着手制作古生物做爱的片段。由于没有与原物一样大小的槽甲鱼模型，我们把来自戈戈地区的宽吻鱼（Latocamurus）模型作为非常接近的替代品。我们先扫描模型，以得到该鱼的计算机 3D 网格轮廓，之后手动增强图像，以创建具有长鳍脚的雄鱼和具有简单腹鳍的雌鱼。我们还通过颜色差别使雄鱼和雌鱼略显不同，但这只是为了艺术效果而进行的科学猜测。

最后一个片段显示了这种鱼真实的交配方式，即雌鱼躺在海底。我们认为，盾皮鱼类在水深处需要很长时间来尝试插入鳍脚。不过，我们作品中的雄鱼没有精心设计的求爱仪式，这并不是因为我们认为盾皮鱼类没有求爱仪式，只是因为我们对此一无所知［行为方面

---

* 参见 134 页脚注。——译者注

（behaviorwise）]。而且我们的预算相当紧张——这些简短的计算机绘图动画，花了我们研究经费中的一大笔钱，所以我们得精打细算。视频显示[5]，雄鱼充满欲望地俯冲到已经准备就绪的雌鱼身上，雌鱼仰卧着，腹鳍展开。雄鱼后退，将鳍脚向后插入雌鱼的泄殖腔内并释放自己的精子，然后匆匆拔出鳍脚游走。视频中可以看到雌鱼凝视着雄鱼远去的背影，眼中闪烁着渴望的光芒，或许她在心里想着："他还会打电话给我吗？"

　　我们的视频是一个很好的、有教益的猜测，但是有谁真的知道，我们远古祖先之间的第一次性亲密行为是什么样子呢？我们所能做的就是，根据现有的科学知识来制作这一场景。

第 8 章

盾皮鱼侧身做爱

2013 年，我和同事扬着手开始撰写一篇论文，描述澳大利亚早泥盆世节颈鱼类的几个新属种。在撰文过程中，扬对我说：我们在爱沙尼亚（Estonia）的一位同事库丽克（E. M. Kurik）博士告诉他，她有一些盾皮鱼类材料和我们所描述的标本属种相同，所以她想加入我们的研究，把这些新化石囊括进去。作为这篇文章的带头作者，我认为加入库丽克完全没问题，她早就因其工作翔实而名声在外。她大约在 83 岁的年纪，已是世界上盾皮鱼研究领域的资深老前辈之一。她出生于爱沙尼亚，在那儿工作了几十年，所以收集了大量的化石。

我开始跟她讨论多年前她在俄罗斯发现的这些新标本，并于 2014 年发表了我们的共同研究成果。文中命名了一种来自俄罗斯北部北地群岛（Severnaya Zemlya）的新鱼，我们称之为乌尔瓦斯皮斯 *。后来她

---

* *Urvaspis*：乌尔盾鱼，属名以俄罗斯地质学家和极地探险家乌尔万采夫（Nikolay N. Urvantsev）命名。——译者注

邀请我去爱沙尼亚，参观她的大量盾皮鱼标本藏品，并与她合作完成其他文章。

在科学界，运气往往在那些令人欣喜若狂的新发现中扮演着重要角色。2013 年年底，我决定接受库丽克的邀请访问爱沙尼亚，因为我恰好也要应邀在爱丁堡 * 的古生物学会议上作主题演讲，所以我计划在会议结束之后，到塔林 ** 这座美丽的中世纪古堡多逗留上几日。

我抵达塔林机场那天，波罗的海科学界的这位老太太在那里迎接了我，还把我带到了位于塔林科技大学（Tallin University of Technology）里我的宿舍中。她欢迎了我的到来。在搭乘出租车去往大学的路上，我们一路畅聊。我逐渐知道了库丽克越来越多的生活轶事。她年轻的时候非常喜欢户外运动，酷爱潜水和徒步穿越波罗的海地区及俄罗斯的荒野地带。她继承了大量的鱼类化石可供研究，因为当时的俄罗斯古生物学家们鲜有对盾皮鱼感兴趣之人。首要也最重要的是，她受训成了一名能够出色地描述自己所研究的那些化石点地质背景和沉积学特征的地质学家。

第二天，我和库丽克一起查看了她那些惊人的俄罗斯与波罗的海盾皮鱼类材料，重点观察了褶齿鱼类中几个未被描述的新属种。看到保存得如此精美的新属种化石，我欣喜万分。我认为，通过对它们的研究工作，将能写出几篇很好的文章。虽然在这里的所见所闻都让我兴趣盎然，欣喜不断，但最后一天发生的事情依旧让我格外喜不自胜。就在我对这些新的褶齿鱼标本做完了笔记、测量和照相工作之后，她给我展示了散放在办公室里的各种化石材料。这些化石中的绝大部分

* Edinburgh：苏格兰首府。——译者注
** Tallin：爱沙尼亚首都。——译者注

都装在旧鞋盒或者其他一些奇怪的纸板箱中。她从架子顶上拿下一个小盒子，告诉我说，她有一些采自爱沙尼亚的胴甲鱼标本，属于一个著名的苏格兰属——小肢鱼属 *。她对我说：要是我感兴趣的话，可以看一下。胴甲鱼是一个非常特别的盾皮鱼类群，具有形似骨质手臂的胸鳍。我第一次投身于研究它们，是在 1980 年。那时还是大学生的我，用了一年时间研究沟鳞鱼。这是一种广布于全世界的属，已知有100 多个不同的种。基于此，我热切地回应她说：我非常想看看这种新的胴甲鱼材料。

当我在办公室里舒适的一隅安顿下来以后，我打开了盒子，随即被一种失望的情绪所打击。盒子里满是零散的盾皮鱼骨片，小到毫不起眼。不管怎样，既然这个盒子已经出现在了我眼前，我就只能老老实实地在显微镜下观察它们了，看看它们是否有什么奇怪的特征，可以让我们把这个盒子里的骨片鉴定为一个新种。

迪克小肢鱼（*Microbrachius dicki*）外形奇特，比起普通金鱼大不了多少。它看起来就像拿一个盒子套在了骨架上，盒子两侧还有带锯齿的附肢伸出来。它最早是在沿苏格兰北部狂风肆虐的海岸以及毗邻的奥克尼群岛 ** 和设得兰群岛 *** 分布的泥盆纪岩石露头中发现的。属名的字面意思是"小附肢"，取自它所发育的一对非常小的附肢。大约在3.85 亿年前，小肢鱼居住在大奥拉卡迪亚盆地内 **** 的古湖泊中，该盆地覆盖了苏格兰、英格兰和西欧的部分地区。此外，小肢鱼也曾在中国

---

　* 一类小型胴甲鱼，平均体长 2～4 厘米，与沟鳞鱼有较近的亲缘关系。——译者注
　** Orkney Islands：奥克尼群岛距离大不列颠岛北岸约 30 公里，由 70 多个岛屿组成。——译者注
*** Shetland Islands：位于大不列颠、法罗群岛和挪威之间，是英国最北部以及靠近北极圈的群岛。——译者注
**** Oracadian Basin：泥盆纪沉积盆地，主要由苏格兰北部地区的伸展构造形成。——译者注

繁衍生息。它的种名"迪克"是为了纪念 R. 迪克（R. Dick），正是这位 19 世纪末热衷化石收藏的爱好者，首次在苏格兰遥远的北部地区发现了小肢鱼化石。

因此，从爱沙尼亚发现的这个小肢鱼新属种，变成了一个有趣的发现。它的出现可能会对我们了解这种微不足道的小鱼如何会在泥盆纪的世界中分布如此之广带来些许的启发。那一天突然变得非比寻常：我发现了一个不到 2 厘米长的微小骨片，上面连着一根我无法鉴别的骨质小管。我把这根奇怪的骨管扎到了一块躯甲大骨片也就是后腹外侧片的后缘上，与小鱼躯体末缘相接。那一瞬间，就像我被伟大的"盾皮鱼之神"突然反手拍了一掌一样，这根小骨管的意义一下子变得豁朗起来！处在那个位置的骨管，只能是一种结构——生殖器官或者鳍脚。我记得在褶齿鱼类盾皮鱼（比如澳大利亚褶齿鱼）身上发现的小型钩状鳍脚骨，在背侧或上侧发育有一个深的凹槽。据推测，这个凹槽可能是专门用来将精子传递给雌性的通道。颇具意义的是，胴甲鱼类盾皮鱼被认为是所有有颌脊椎动物谱系树中最基干或者说最原始的类群。因而，这一发现对于了解和认识演化树上体内受精及性行为的起源，都影响深远。

那天的剩余时间我都花在了研究这件有趣的标本上，既画了素描又拍了照。我把我的新发现告诉了库丽克，一想到从这条小胴甲鱼身上发现了生殖行为的证据，她也同我一样心潮澎湃。我预想着回去后就一起完成这篇文章，并打算投稿给《自然》杂志。

一回到澳大利亚，我就着手研究这件标本，同时在其他胴甲类盾皮鱼中寻找更多关于生殖结构的证据。我邀请了许多其他专家加入我们的团队，一方面是想精进我们的化石描述部分，另一方面是想通过使用新的鳍脚数据来重新修订盾皮鱼类的系统发育分析。在文中，我们比较了小肢鱼和其他盾皮鱼的鳍脚，并且摆出了充分的论据，却很难通过审稿人这一关，因为我们手头的证据只不过孤零零的这么一件鳍脚标本，而不是能够证明鳍脚仅存在于雄性的一系列个体。

果不其然，文章被拒登。我们又一如既往地重新开始绘制图版。在审查过程中，我从一位匿名审稿人那里得到了点儿风声，他说在苏格兰发现了一些具有类似鳍脚的完整小肢鱼标本，看起来就像它们在小脚上穿着靴子一样。显然，还没人知道小肢鱼的这些"靴子"究竟是什么。有3位可爱的小伙子定期在奥克尼群岛收集鱼类化石，我跟他们取得了联系，询问他们是否看到过任何长着小"脚"的标本。不出几天就有了答案：他们确实拥有堪称完美范本的材料。大量的藏品中有许多同等大小的个体，却没有鳍脚，因此这些标本很可能代表了这个属种中的雌性个体。

为证明这一观点，我的这3位新好友琼斯（R. Jones）、纽曼（M. Neewman）和布拉温（J. Van Blaauwen）向伦敦自然历史博物馆捐赠了大量与之相关的好藏品，也给远在澳大利亚的我寄出了一些非常好的标本。我把他们纳入这篇文章的合作作者之列。除标本外，他们还提供了化石点的重要地质背景数据。

这些新标本不仅显示了雄性生殖器官的生长和变异，还表明雌性在与雄性相同的位置上长有一对小的骨板。在构想它们交配行为的过程中，我做了与它们等身大小的模型，并像小孩子玩恐龙玩具一样跟它们玩耍。为何小肢鱼在其小附肢边缘上长有坚硬的刺？现在终于真相大白了。雌雄个体之间可能会利用附肢内侧边缘成排的钩子，把它们具关节骨质的前肢（手臂）缠绕在一起。外侧的手臂可以帮助它们将大鳍脚调整到适合交配的位置。当它们的具钩"手臂"相互交叉在一起时，它们的交配动作有点类似于德州式方块舞中的背对背换位舞步。雌性成对的生殖板上有一个粗糙面，有点像奶酪磨碎器，可以让雄性的鳍脚紧紧地扣在上面。一旦雄性的鳍脚处于交配位置，只有其尖端可进入雌性的泄殖腔中释放和存储精子。

　　我们的发现表明，交配这种亲密行为的产生，由来已久。而胴甲类小肢鱼化石则代表了有颌脊椎动物演化树上有性繁殖行为的首次出现。前几章记载的所有发现，都是按照时间的先后顺序进行介绍的。但是如果按照演化次序来看，最后一个大发现才是最早出现的，这也是脊椎动物演化史上雌性和雄性首次在体态上产生的显著差异。

　　胴甲鱼类此前从未显示过存在有性繁殖的迹象，因而长期以来，我们一直以为它们就像许多现生鱼类一样，只是简单地将卵产在水中。新的发现意味着它们有交配能力，也因此还可以在体内受精。由于胴甲鱼类是最原始的有颌脊椎动物，这意味着高度复杂的有性生殖，最初出现的时间大约与颌部和成对后肢出现的时间相同。已知最古老的胴甲鱼化石，来自中国西南地区的云南曲靖。此章正是我在曲靖撰写的，此时我正坐在这里参加一场早期鱼类演化会议 *。就在一天之前，我还参观了一个非常棒的化石点，这里曾发现保存完好、已知最古老的脊椎动物化石标本。

　　中国科学院古脊椎动物与古人类研究所朱敏研究员及其团队在曲靖地区接二连三的重大发现，使得这里成了鱼类古生物学者真正的朝

---

　　* 即上文提到的第 15 届早期脊椎动物国际学术研讨会。——译者注

圣之地。包括最古老的完整盾皮鱼，比如全颌鱼（*Entelognathus*），以及最古老的硬骨鱼，如鬼鱼（*Guiyu*），均产于此地。这 2 项发现均因化石本身奇特的解剖学特征，改写了我们对盾皮鱼类和有颌类起源的认知。在曲靖以及中国其他地区所发现的胴甲鱼类表明，这些特别的小鱼可以比其他任何盾皮鱼类追溯到更古老的时期，最早可能出现于4.4～4.5 亿年前。照这样推想，我们可以说，中国西南地区是所有脊椎动物亲密性行为之发源地。

沟鳞鱼是泥盆纪最为普遍的脊椎动物。在当时，它生活在包括南极洲在内的地球各大洲。如此看来，胴甲鱼类可能是世界上最早一批真正分布广泛的脊椎动物。我现在认为，它们可活动的、有助于交配的前肢，可能是它们能够成功迁徙的关键所在。

我们的新研究暗示了一些之前在生物学上被认为是不可能的事情——鱼类在演化过程中从交配（体内受精）逆转到体外受精（产卵），也就是在无颌类（如七鳃鳗）中看到的原始状态。这种逆转一定是在硬骨鱼最初从盾皮鱼演化出来的时候发生的，因为硬骨鱼中没有任何原始化石或现生物种（如多鳍鱼）显示出体内受精的迹象。

我们知道腔棘鱼 * 是通过体内受精来完成交配的，尽管它们缺乏生殖结构。一些比较进步的硬骨鱼，演化出了不同的体内受精方式，比如孔雀鱼或花鳉（卵胎生）使用特化的臀鳍棘来输送精子，然而这些硬骨鱼中没有一种曾发育出类似于盾皮鱼或鲨鱼的成对鳍脚。

2014 年年底，我们在《自然》杂志上发表了一篇新文章，公布

---

* 属腔棘鱼亚纲，被誉为活化石，代表了鱼类登上陆地成为四足动物的早期演化阶段。——译者注

了小肢鱼的性生活。我们得出的结论是，最原始的有颌脊椎动物最初是以交配行为作为其主要繁殖方式的，后来在演化过程的早期丢失了这一特征。随后，交配行为在不同动物类群中多次反复演化出来。

在 2015 年，另一项重要新研究的发表，填补了关于盾皮鱼性之谜团的最后一块拼图。这项研究的牵头作者是我在柯廷大学的同事特里纳伊斯蒂奇。她有一个好的想法，就是我们通过研究世界各地的盾皮鱼标本，来重新梳理繁殖器官的证据。在回顾了许多盾皮鱼的腹部和生殖结构之后，她和她在伦敦自然历史博物馆的同事约翰松共同发现，我们将节颈鱼鳍脚附着在腰带上的早期重建是错误的。与之前的结论相反，我们在《生物学评论》上发表的新研究显示，鳍脚总是与腰带彼此分离，它们的发育方式可能与所有脊椎动物的肢体完全相同。鳍脚本身也是由膜质骨和包裹在软骨内核周围的软骨化骨组成的，与胸鳍、腹鳍及其相应的肩带和腰带组构完全一致。这项新研究之意义在于，外形相似的盾皮鱼鳍脚和鲨鱼鳍脚，并不是同一种结构，它们很可能是独立演化出来的。

我们半开玩笑地说，这个新发现意味着，盾皮鱼类的繁殖结构就好似额外长出的一对腿一样。有些人会用"把腿伸过去"这一俚语来意指"发生性关系"，但盾皮鱼确实是"把腿伸进去"让雌性受精的。多年来，盾皮鱼类被认为是"似鲨式类群"，也因此它们的解剖结构通常是以鲨鱼为模型来解释的。基于跟鲨鱼的相似性，当我们用同样的方法重建盾皮鱼的腹部结构时，也曾掉入这个陷阱。在过去将近一个世纪时间里，这种错误的比较方法掩盖了盾皮鱼在演化史上的真正意义。现在看来，盾皮鱼类是一个比以往所认为的更加有趣的独特灭绝类群。

最后我想说，目前我们所能做的就是：基于现有科学知识，对生殖策略的演化过程尽可能进行推断。但这又引出另一问题：交配行为是从何时、在何地首次演化出来的，又是为何出现的？为了解决这些终极问题，我们需要追溯到更遥远的过去，探索生命起源不久之后的化石记录。

第 9 章

古老性行为之黎明

出生、交配和死亡。

当你意识到真相时，这就是所有事实：

出生、交配和死亡。

我出生了，一次就够了。

——T. S. 艾略特（T.S. Eliot）《力士斯威尼》

那么生物体是在什么时候，又是为什么首次出现有性生殖的呢？这里的"性"意味着，不是简单地从母体身上脱落或者萌芽，以创造一种新的完全相同的生命（一种与母体有着完全相同 DNA 的克隆），而是两个生物决定聚在一起，并分享它们的遗传物质，以创造遗传变异更多样的后代。

大多数原始生命可分为无细胞核生物（原核生物）和有细胞核生物（真核生物）。现在，与我们相关的大多数生物——复杂的多细胞动植物（称为"后生生物"）——是真核生物，具有核 DNA。尽管有些生物可通过出芽生殖以产生相同的克隆体，但大多数真核生物行有性生殖，共享遗传物质以产生后代。一些动物如水螅（水母的近亲）可以根据食物的供应情况，进行有性生殖或者出芽生殖。生物学意义上的"性"，实际上是通过减数分裂和产生配子的过程来定义的。细胞在减数分裂时，将染色体减半来产生配子（例如卵子或精子细胞）。当来自不同个体的雄性和雌性配子结合时，一半染色体重新组合，产生具有独特遗传物质的新生物体。那么，化石如何能够揭示不仅几百万年前，还可能是十亿年或更长时间以前发生的微观和微妙过程呢？

为了回答这个问题，先来大致看看斯普里格（R. Sprigg）的生活或许对我们会有所帮助[1]。他是一个非常出色的人，其在地质学领域的工作，开创了一个全新的研究领域，彻底改变了我们对多细胞生物早期演化的认知。1919 年，斯普里格出生于南澳大利亚约克半岛的斯坦斯伯里（Stansbury）。童年时期，他从当地海滩收集化石和贝壳，后来遇到了一位老矿工，从此喜欢上了矿物。他在阿德莱德大学（University of Adelaide）学习理科，很幸运地成为莫森（D. Mawson）爵士和马迪根（C. Madigan）教授的学生，两位老师都是南极探险的老手。用莫森的话说，斯普里格是他"有史以来最优秀的学生"。斯普里格充满好奇心，喜欢质疑和挑战教授的观点。在那个年代，这种行为并不常见。

在地质学上有所成就的斯普里格，于 1941 年毕业于动物学专业。之后被带进了澳大利亚政府的一个秘密项目，该项目旨在寻找澳大利亚的铀矿床。当时正值战争年代，一个伟大的民族已经开始发展和利用铀的秘密特性。这将导致第一颗原子弹的制造，并最终以广岛和长崎的可怕事件结束了太平洋战争。斯普里格在澳大利亚的几个主要矿床工作，并被派往美国、欧洲和英国研究铀矿床，以增加对含铀矿石地质背景的了解。1950 年回到澳大利亚以后，他可能成了世界上在此领域最受关注的人物。

尽管他有开创性的工作，但是来自澳大利亚政府内部的力量阻碍了他，没有跟他保持联系。最后，他将铀研究交给了其他人，并把自己的才华转移到了石油勘探领域。他早先在南澳大利亚弗林德斯山脉（Flinders Ranges）埃迪卡拉山（Ediacara Hills）的铀矿工作时有一项偶然发现，目前仍然是宝贵的遗产。当时，他确定这些奇怪的化石可能来自早寒武世（大约 5.4 亿年前）。这缘于他对该地区的地质调查，也因为当时还没有大的后生（多细胞）动物化石像他所发现的，曾经在更老的前寒武纪岩石中被发现过。斯普里格认为，这些化石是水母的印模，并于 1946 年在澳大利亚与新西兰科学促进协会（ANZAAS）的会议上，首次展出了这些化石。他意识到这些化石年代的重要性，便分别于 1947 和 1949 年在南澳大利亚皇家学会会刊上发表了 2 篇重要论文，描述了多种来自他新发现地点的早期水母。

格莱斯纳（E. M. Glaessner）是在波希米亚（波希米亚是中欧的地名，1993 年之后成为捷克共和国的主要组成部分之一）出生的杰出古生物学家。在维也纳接受培训以后，格莱斯纳教授在战争期间与身为俄罗斯芭蕾舞女演员的妻子逃离纳粹德国，在新几内亚壳牌公司找到了工作，并最终抵达澳大利亚。在墨尔本工作了一段时间后，他在阿德莱德大学找到了一份稳定的工作。此时，斯普里格在埃迪卡拉山（Ediacara Hills）发现的化石引起了他的注意。1958 年，格莱斯纳发表了一篇与斯普里格类似的文章，描述了来自埃迪卡拉的下寒武统（即较低层位）新化石。在那一年，当世界另一端的发现以全新视角展示出埃迪卡拉化石[2]时，一切都发生了改变。

莱斯特大学（Leicester University）的 T. 福特（T. Ford）博士于 1958 年发表了第一篇关于英格兰查伍德森林（Charnwood Forest）前寒武纪化石[3]的报道。他描述了一种叶状生物，称之为梅森强尼虫（*Charnia masoni*），这在埃迪卡拉也有类似发现。然后，格莱斯纳用他在《自然》杂志上里程碑式的论文，报道了来自埃迪卡拉、非洲（纳米比亚）和英国的前寒武纪水母及其他腔肠动物（水母和海葵所属的门类），向全世界宣布已知最古老的化石组合来自澳大利亚。紧接着，一篇关于这些古老化石的文章使他于 1961 年登上了《科学美国人》杂志的封面。之后，尽管埃迪卡拉纪的化石已经被采集和研究得非常透彻，它们仍在不断地泄露着秘密。如今，这些化石被称为"埃迪卡拉生物群"（Ediacaran Biota），年代比 5.4 亿年前的寒武纪爆发还要早，准确年代约为 5.6 亿年前。

斯普里格的遗产在一个新的地质时代的命名上得以延续，这是一个多世纪以来第一个被描述的时代。埃迪卡拉纪（Ediacaran Period）于 2004 年正式建立，其年代范围是 5.42 亿至 6.35 亿年前。它被广泛认为是多细胞生命最初以各种形状和大小出现的时期。这意味着生命在这个时候能有如此高的多样性，也说明性已经进化了。

在埃迪卡拉化石中发现性的人，早在 1971 年就开始在埃迪卡拉山上采集化石，但是直到 2008 年他才有所发现。格林（J. Gehling）博士是我的同事和朋友，现在是位于阿德莱德的南澳大利亚博物馆（South Australian Museum）研究员。他于 1971 年开始研究埃迪卡拉生物群的化石，并在弗林德斯山脉的其他地区，寻找含有这些化石的地层。1972 年，他和同事福特（C. Ford）发现了一个引人注目的新化石点，那里的化石产出了一些叶状生物，其基部很宽，将自己固定于海床上。这些化石挑战了格莱斯纳先前的解释，即埃迪卡拉纪化石是从其他地方冲到潮滩上来的。格林的研究暗示了这些生物可能生活在更深层次的水域。关于埃迪卡拉纪生物到底是什么，以及它们生活的深度，争论[4]一直持续至今。2008 年，一项最新研究发表在《科学》杂志上，成为当时国际性的头条新闻：它报道了关于性起源的发现。

德罗瑟（M. Droser）和格林的论文描述了一种来自埃迪卡拉化石点的新生物，他们称之为绳虫（*Funisia*）[5]。绳虫是一种似蠕虫的管状生物，其化石在埃迪卡拉化石点中被大量发现，因此可以对其不同生长阶段进行详细研究与测量。德罗瑟和格林发现，这些生物都是从成体身上萌芽出来的"小个体"或幼体，它们都处于相似的生长阶段。因此，正如对这一时期的原始生物所预期的那样，这种"小个体"不是无性地脱落或者萌芽（脱落自身相同的克隆体），而可能是由产生它们的一种行为——性，而同时产生的。简单地说，如果它们是无性繁殖的话，那么亚成体的体型范围会更大。事实上，它们的大小总是一样的，这就意味着一种定时的行为，即像珊瑚那样，将精子和卵子共同射入水中。

《伦敦时报》（*London Times*）*有一篇关于这一发现的报道[6]，其中解释说："人们认为这种多节的动物——朵西绳虫（*Funisia dorothea*），很可能有着与现代珊瑚和海绵相似的繁殖方式，但对其生

---

* 即《泰晤士报》。——译者注

物学方面却知之甚少。"当然，记者继续询问科学家们：绳虫是否会享受性爱？

"这种生物的性行为应该是功能性的，而非社交活动。"加州大学河滨分校（University of California, Riverside）的德罗瑟教授说："我认为它们太原始了，不可能享受性爱。我认为它们不会互相缠绕。但可能我是错的——我想它们会喜欢的。"

这些埃迪卡拉纪的化石，提供了一个间接证据。科学家通过对数据进行严格分析，证实了一个非常早期的有性生殖事件，其方式与珊瑚和海绵在新的生长期之前将配子释放到水中的方式相似。这就引出了一个问题：这种形式的有性生殖，会在更早的时候发生吗？

已知最古老的真核生物化石，可能是类似于旋转的派对流光丝带那样的奇怪螺旋，名为卷曲藻（Grypania），发现于美国密歇根州和蒙大拿州18亿年前的岩石中。一种理论认为，它们是巨大的藻类；但另一些理论认为，它们可能是大型蓝藻。它们在群体中通过捕获悬浮的沉积物颗粒，来建造层叠结构的土堆，称为叠层石（今天在西澳大利亚的哈姆林湾，发现有很好的示例）。细菌不利用有性生殖，它们只是克隆自己。更可能的是，考虑到当今大型螺旋形细菌的稀有性，这些化石确实是藻类，它们均通过有性的方式繁殖。所以，卷曲藻可以代表证明有性生殖的最古老化石证据吗？

然而，化石可能不仅仅是生物残骸。有时化学物质就像石头里的幽灵，会给我们留下生命的痕迹[7]。例如在1999年，堪培拉的澳大利亚地质调查组织（Australian Geological Survey Organisation）的布罗克斯（J. Brocks）和他的同事们，将真核生物的最早起源追溯到大约27亿年前。他们在西澳大利亚皮尔巴拉（Pilbara）地区的岩石中，识别出以脂类（脂肪）形式保存的复杂的生物标志物，它们的化学特征与现生的真核组织不同。2008 年 8 月，位于西澳大利亚的科廷大学的拉斯穆森（B. Rasmussen）和他的同事，在《自然》杂志上发表了一篇重要文章，对真核细胞的生物标志物的年龄进行了批判性的重新评估[8]。他们的工作推翻了之前所认为的这些标志物来自 27 亿年前的理论，因为化学证据显示，该生物标志物是在变质事件之后进入岩石的——岩石在高温高压条件下被加热和压碎。他们重新估计了真核生物化石起源的可靠时间，为 17.8 亿至 16.8 亿年前。亲爱的读者们，这个日期可能是我们现在必须考虑的生物首次性行为开始的时间。

　　一个古老的问题随之而来——有性生殖为何出现？为什么生命不凭借简单的克隆和无性生殖系统而不断进化呢？如果我们都像微小的淡水水螅一样，不进行复杂的交配仪式，只在我们身体上长出一个相当大的肿块，它最终像溃烂的疮一样萌芽出来，并由此形成一个完美的克隆体，那岂不更加方便吗？也许是更加方便，不过一点儿也不好玩，特别是当我们看起来都一样，有着相同品质的时候。想象这么个世界，其中只有一个人，只是增加了十亿乃至更多倍！诚然，这将使鞋子和服装制造商们的活计更容易，可是变异导致的第一种新疾病，就有可能消灭整个种群。

　　除了社会效益之外，有性别种群与无性别种群相比，主要有两个进化优势。首先，它们更容易适应环境的变化；其次，它们不易在基因中累积有害的突变。英国科学家凯特利（P. Keightley）和沃克（A. E. Walker）进行了一些实验，估计了一系列动物的种内基因突变率，特别是果蝇（*Drosophila*）[9]。他们得出的结论是：保持有性生殖，不只是为了清除基因组（完整的遗传物质）中的有害突变。有性生殖主要还是由适应性进化所驱动，并且可能还与其他一些机制相结合。简单地说，有性生殖和不同 DNA 的共享，使我们能够更好地应对环境中的意外挑战，否则我们将会被淘汰。

　　来自不列颠哥伦比亚大学（University of British Columbia）的奥托（S. Otto）写了大量关于有性生殖演化意义的文章，并正确地指出：在实现多样性的同时，进行有性生殖是一项有代价的工作[10]。动物或植物必须找到或者偶遇合适的伴侣，这得承担很多风险，如共患疾病，在交配过程中很可能成为捕食者的目标，有时候甚至成为配偶的捕食目标，就像螳螂和其他一些无脊椎动物一样。性不是分享基因的有效方式。当我们进行交配时，我们只与伴侣分享 50% 的遗传物质；而在无性生殖的生物体，100% 的遗传物质被传递到下一代。奥托强调了生物学家所说的性行为的"代价"，因为有性生殖的生物体需要比无性生殖的生物体多产生 2 倍的后代，否则它们就会在种群竞争中失败。

　　尽管存在这些缺点，进化还是以这样一种方式塑造了生物世界：今天很少有大型生物能够进行无性生殖（所有生物中仅 0.1% 能够无性生殖，当然细菌不计在内 *）。有性生殖会产生变异，当我们应对环境中不断出现且不可预测的变化时，这无疑是一件大好事：大陆正在缓慢地移动到新的纬度，洋流和气候发生着变化，火山爆发或海平面突变（在地质术语中）等变化引起突发的事件。具有遗传变异性的种群比没有太多变异的种群，更容易适应这些压力。伟大的德国生物学家魏斯

---

　　* 严格地说，古菌（archaea）跟细菌一样，行无性生殖；而病毒（virus）通过宿主细胞进行自我复制，还谈不到有生殖方式。病毒、古菌和细菌都不算在那 0.1% 里面。——译者注

曼（A. Weissman）早在 1889 年就说到过这个。尽管后来对有性生殖的
利弊进行了许多重新考量，但在今天，这种理论仍然是对的。

　　一旦单细胞生物开始构建更复杂的身体（后生生物），有性生殖就
成为主要的生殖方式。在 5.4 亿年前的寒武纪初期，生物大爆发预示着
许多不同种类的动物身体模式出现，其中大部分模式至今仍存在于我
们身边。这些动物包括最初的蠕虫、软体动物（如蛤、蜗牛）和节肢
动物（如昆虫、螃蟹和蜘蛛）。事实证明，节肢动物自得其乐于所有生
物中最奇怪和最反常的性行为。

第 10 章

性和单身的介形类

生活在以色列的一种蜘蛛，采用非常暴力但从进化上说十分有效的交配策略。这种蜘蛛叫作性虐捕潮虫蛛（*Harpactea sadistica*）。恰如其名，雄蛛会刺穿雌性的腹部，使她们的卵直接在卵巢中受精。这种所谓的"创伤性授精方式"，是第一个绕过雌性生殖器来实现生殖优势的例子。

——BBC 新闻在线[1]，2009 年 4 月 30 日

没有什么比昆虫、蜘蛛和其他节肢动物的性生活更加奇怪、残忍和变态的了。从用剑状的阴茎刺伤雌性身体的臭虫，到将精液置入竞争对手睾丸的其他一些节肢动物，它们的性行为如果与最变态的哺乳动物的性行为相比较，确实是还要可怕的。

节肢动物包括昆虫、蜘蛛、螨、蜈蚣、螃蟹，以及其他甲壳类动物，还有一些已经灭绝的不太知名的动物。然而，这些生物已经进化

出了运作良好的生殖系统，并使自己成为地球陆生环境的主人。已知的昆虫种类比其他任何陆地生物都多（约有 117.8 万种，相当于所有已知动物的 80%）。在过去 5.4 亿年里，它们也有着精美迷人的化石记录。倘若有一天发现神秘的埃迪卡拉纪化石，如斯普里格蠕虫（*Spriggina*）和帕文克尼亚虫（*Parvancorina*），是节肢动物的话，那么节肢动物的历史可能还会再向前延伸一点。

大多数节肢动物的化石，是其坚硬外壳或表皮的印模。在它们活着的时候，这些结构是由坚硬的几丁质构成。如果给我们一个三叶虫的图片，许多人可能会认出它——一种常见于古生代（5.4 亿至 2.5 亿年前）岩石中的节肢动物化石。三叶虫代表了节肢动物的第一次大辐射，该群体第一次进化后不久就出现了成千上万个不同的物种。甲壳类动物也许是所有可食用节肢动物中最有名的，它们包括螃蟹、螯虾和虾，以及各种各样的其他动物，如藤壶、桡足类、等足类和端足类。事实上，最近北卡罗来纳州杜克大学（Duke University）的里杰（J. Regier）博士和他的同事在《自然》杂志上发表了题为《众多节肢动物的 DNA》一文，证明昆虫类现在被归为甲壳类动物的一个分支。

一种甲壳类动物——不起眼的藤壶，是达尔文描述动物学的最优秀著作中令人惊讶的研究对象。藤壶看起来像是被贝壳覆盖的不能移动的生物，但在它们坚硬的外壳里面，是一个长有分节腿的小动物，就像其他甲壳类动物一样。然而，藤壶与节肢动物的标准外形有着巨大差异，表现出极端的性双形现象，雌性个体与雄性个体在形态上差异巨大。达尔文最伟大的发现之一是：某些蔓足类或鹅颈藤壶有寄生在雌性身上的很小的雄性。这是一个奇妙的发现，因为其他动物学家认为，雌性藤壶壳内的奇怪生物是属于其他动物群的外来寄生虫。达尔文对藤壶做了一系列令人惊奇的描述，甚至对它们的小阴茎精确到千分之一英寸（0.025 毫米）[2]：

> 在一个解剖藤壶阴茎的案例中，我发现当它处于收缩状态时，长度为 41/1 000 英寸（0.1 厘米），与个体的长度相等。在一个阴茎自然外露的样本中，突出的阴茎部分比整个个体都长。当这个标本被放在烈酒中时，毫无疑问，器官收缩了。因此我认为，当这种长鼻形的阴茎完全伸展时，其长度可能是整个动物体长的 2 倍。

这一描述突出了雄性藤壶阴茎令人印象深刻的相对大小。在某些鹅颈藤壶中，它的长度可以是整个雄性体长的 8 倍或更多，这使得它成为迄今已知最大的雄性交配器官。因此，由 8 英寸（20 厘米）个头的阿根廷湖鸭，阴茎长达 1.3 英尺（39.6 厘米）来看，要是藤壶有同样个头，其阴茎应该长约 5.3 英尺（1.6 米）！

藤壶的幼虫最初可以自由游动，它们最终附着在坚硬的岩石上，在此处长出坚硬的壳，并度过余生。它们用长有须的腿过滤水中的食物颗粒。因此，它们不可能远走高飞去寻找伴侣。为了繁殖，标准的普通潮间带藤壶是雌雄同体的，每一个体既有雌性器官，又有雄性器官。对于这种不能移动的生物来说，需要一种灵活的、在某些情况下极长的阴茎。一旦交配完成，藤壶的阴茎会像鹿角一样脱落，并在翌年长出一个新的。

嘿，伙计们：如果能简单地改变阴茎的形状，以适应眼前的活计，这岂不是很方便吗？阿尔伯塔大学的诺伊费尔德（C. Neufeld）和帕尔梅（R. Palmer）最近有一项发现，证明了一些藤壶可以做到这一点。

他们研究的物种能根据其居住环境的能量来改变阴茎的形状。正如他们解释的那样：

> 我们观察到，生活在受海浪冲刷的海岸潮间带的橡子藤壶（*Balanus glandula*），其阴茎比附近静水海湾藤壶的阴茎短而粗，且重 2 倍以上。此外，阴茎形状的变化与最大破浪速度密切相关。而且就整个海岸看来，更大的藤壶有着不成比例的粗壮阴茎。

生活在汹涌潮水地带的藤壶，往往具有较短且更结实的阴茎，而生活在较安静水域的藤壶，则阴茎更纤细。为获得定量数据，科学家必须进行非常精密的实验，并采取非常精确的测量。诺伊费尔德和帕尔梅将测量完全直立的藤壶阴茎的方法描述为一项艰巨任务——毫不奇怪，一旦将它们从栖息地移走并带回实验室，就很难让藤壶有浪漫的情绪。将它们轻轻压着，用一个水虹吸管把水泵入雄性器官，使其直立起来，然后测量并拍照。他们的论文详细地描述了以下过程：

阴茎的方向与视野垂直，并向注射器施加压力，使阴茎慢慢膨胀，直到（1）胶水失效；（2）躯体组织或表皮破裂；或者（3）阴茎完全膨胀。当注射器上的压力不能进一步使阴茎延长，且阴茎表皮的体环消失时，记录其长度。这时，再次给阴茎拍照。在大约 20 个个体上重复了这一过程，直到从每个群体中获得了 3 个个体的阴茎全长。

他们的工作有时会出现问题。例如在实验室里，万能胶水断裂，半膨胀的藤壶阴茎失控。记住：藤壶的确是很奇怪的生物。不过，这些研究对于确定群体遗传学在这些特征的演化过程中所起的作用非常重要。在这种情况下，研究人员得出的结论是：基因可塑性是使藤壶在其生存条件发生变化时能够改变阴茎形状之主要原因。这是一种有效的适应策略，以应对藤壶生存环境中的可变湍流或水流条件。

甲壳类动物在所有现生动物或化石记录中拥有已知最大的阴茎（相对于身体大小），还拥有已知最古老、保存最好的雄性器官化石。甲壳类动物有一个原始类群——介形类或"种子虾"，我们不食用它们，而且大多数人并不知道它们。介形类被称为生活在一个双壳内的动物，从外面看，它像一粒种子。

介形类的外表可能看起来很普通，然而在其小小的贝壳里面，却是火热的性能量。雄性有 2 个阴茎[3]，且某些物种的小小睾丸里含有巨大的精子，其长度是成年雄介形类体长的 6 倍。一个英国团队在 2003 年发现了一种特殊的介形类化石，它们具有保存完好的钙质双壳。作为世界上最古老和可确定的化石阴茎标本，它们无疑在动物中冠绝群伦。

这块保存极为完好的化石，来自距今约 4.25 亿年前。CT 扫描图像显示，其外壳的空腔内出现了大量矿化的软组织。该标本被证明是一个有巨大阴茎的雄性（参见图版第 4 页彩图 11），并被恰当地命名为 *Colymbosathon ecplecticos*，意思是"有着巨大阴茎的游泳健将"。

言归正传：装备精良的介形类，是如何找到伴侣的呢？最近对加勒比介形类[4]的一项研究表明，一些雄性介形类有着相当巧妙的求偶技巧，使用令人眼花缭乱的展示，其中包括发光秀，旨在吸引外表普通的（"不发光的"）雌性。我们不知道我们祖先的化石介形类是用同样壮观的策略来吸引其配偶，还是仅仅依靠成为群体中的雄性头领。但是，如果我们结合这 2 种策略的信息，并运用想象力，便可能会设想怪异巨阴善游虫（*Colymbosathon*）将其发出荧光的阴茎悬挂在夜色下凉爽的海水中，直接吸引雌性——以及不管是不是雌性。简直很难想象这种装置不会引起注意。

盲蛛（harvestman）又称"长腿爸爸"，是一种像长腿蜘蛛的节肢动物。它们不完全是蜘蛛，但与蜘蛛关系密切。盲蛛连同原始的螨类和蜘蛛状的角怖类，是从化石中发现的最早登上陆地的无脊椎动物[5]。这一事件发生在大约 4.2 亿年前的志留纪晚期，在第一批原始陆生植物离开海洋并在近岸栖息地定居下来之后不久。

就在同一年，柏林自然历史博物馆（Natural History Museum in Berlin）的研究员邓洛普（J. Dunlop）博士和他的同事们在《自然》杂志上发表了一篇关于保存完好的介形类性器官化石的短文，其中报道了介形类的阴茎化石。这些化石来自苏格兰著名的莱尼遗址（Rhynie Site），距今约 4 亿年，它们被保存于燧石中的角质层。燧石是一种从软组织周围的软沉积凝胶硬化而成的岩石，将软组织包裹在其内部，能显示化石中非常精细的结构。被描述的雄性阴茎与现生盲蛛非常相似（见图版第 4 页彩图 12）。事实上，这些生物（像所有的蜘蛛一样）使用最前面一对手臂状的附肢来传递精子，所以它们不是真正意义上的"阴茎"。在燧石中也发现了该物种的雌性性器官（或产卵器，它们还保存着卵）。最近的研究发现，与雄性蜘蛛不同，有些"长腿爸爸"确实是好爸爸。一项研究发现，有种盲蛛（*Acutisoma proximum*）中具有领地意识的雄性，会暂时照顾那些没有被雌性照看的后代。事实上早在 1990 年，佛罗里达大学（University of Florida）的莫拉（G. Mora）博士就观察到，一种热带盲蛛（*Zygopachylus albomargini*）在交配结束后积极保护有受精卵的巢，雌性则四处觅食。雄性甚至会守护其他雌性留下的卵巢，即使这些雌性并非与其交配过[6]。莫拉博士认为，这在蛛形纲动物中是独一无二的，因为这是唯一一个雄性亲代照顾子代的明确行为案例。

虽然已经有过很多关于昆虫交配行为的报道，但是除了古代昆虫的身体和交配器官与现生同种生物有着相似的形状之外，几乎没有什么能从它们的化石记录中推断出来。琥珀是由古代树木汁液变成的坚硬化石，有时在琥珀中能够发现保存完好的昆虫化石。第三门格虫（*Mengea tertiaria*）来自 4 200 万年前的琥珀中，属于一种类似蝇类的神秘动物——捻翅目。对琥珀中的整个动物进行 CT 扫描研究，揭示了这只小昆虫非凡的内部解剖结构，甚至显示了其阳茎（它那阴茎状的雄性器官）的细节（参见图版第 5 页彩图 16）。

因此，虽然我们无法更多了解化石中昆虫可能的性习性，但是现生昆虫为我们提供了有史以来最奇怪的一些交配行为。尽管大多数昆虫都行有性生殖，但有些昆虫能够克隆出成虫的精确复制品，这就是所谓的"孤雌生殖"。当昆虫交配时，雄性通常使用阳茎来传递精子。阳茎相当于整个雄性生殖器官的一部分，位于腹部末端，也可能包含"瓣膜"，在交配时帮助将阳茎固定在雌性身上。雄性与雌性交配时，通过一个共同的生殖器开口（交尾囊），将精子作为包（精囊）直接放入雌性的卵孔（卵管），迫使精子进入被称为精子囊的储藏室。在那里，精子从精囊腺中得到营养，并通过溶解覆盖在精子表面的坚硬蛋白质层，来为授精做好准备。

大多数这样繁殖的昆虫，都以相当标准的方式进行繁殖。你可能已经观察到了蜻蜓在交配过程中将尾巴粘在一起，这很好地描述了该过程（尽管雌性蜻蜓体内发生的事情是另一回事，在本书后面探讨精子竞争的话题时会对此加以讨论，见图版第 5 页彩图 15）。其他昆虫则利用更具创伤性的交配方式来最大限度地提高交配成功率，而这正是使事情变得丑陋的地方。

螳螂以其施虐的交配方式而闻名，通常被称为"性食同类"[7]。在交配过程中，雌螳螂通常会吃掉雄螳螂。虽然这对单个雄性来说不是一个好结果，但实际上对这个物种有额外的好处：雌性可以饱餐一顿，帮助喂养刚受精的卵，而雄性则通过被吃掉的创伤而受到奇怪的刺激，由此获得更强的射精能力以确保后代数量众多（参见图版第 5 页彩图 14）。在某些情况下，雌螳螂但愿交配之前已经吃饱，这样就可以在不吃掉雄性的情况下进行交配。中华大刀螂在交配之前会表演精心设计的求偶舞蹈，尽管雌性已经得到了很好的营养，但它仍然会经常吃掉雄性，以此来补齐晚餐和完成表演。

昆虫性行为中最糟糕的例子或许是臭虫（Cimex）和它们的近亲。一旦你意识到它们对彼此所做的一切，其令人讨厌的吸血和叮咬看起来就算不上什么了。雄臭虫通过"创伤性授精"与雌性交配——实际上是用它那小刀状的阳茎刺伤雌性的腹部，将精子直接射入雌臭虫受伤的体内［如果你认为这听起来像沃霍尔（A. Warhol）为电影《行尸走肉》（Flesh for Frankenstein）所拍摄的一幕，那你就猜对了；可参见图版第 5 页彩图 13］。昆虫缺乏高等动物所具有的单独的血液-淋巴循环系统，因此精子进入联合的循环系统，最终进入卵巢使卵子受精。雌性的伤口通常会愈合，但并不总是这样，所以进化显然还没有完善这种奇怪的交配方式。有时，雄性甚至会对其他雄性进行创伤性的授精，可能是为了将来的交配而置换它们的精子，有些目前还没有经过测试的观察证据支持这一观点。

最近在以色列发现了一种蜘蛛，它有着类似的创伤性交配方式，表明这种残忍的繁殖方式一定是独立进化了很多次。雄性施虐暴蛛

（*Harpactea sadistica*）的螯肢末端长有针状结构，构成附着在头部的
"手臂"，用于将精子传递给雌性。它用该结构刺伤雌性，并将精子直
接存入雌性的卵巢，这样就不需要任何求爱细节。对这种行为的进化
还没有完全解释清楚，但是在这个物种中，这种残忍的策略似乎已经
取得了成功的结果，并使物种得以繁衍。在雌性体内，可以观察到内
部精子储存器官存在某种程度的收缩。因此，这可能会节省生长和发
育所需的能量，并使它在生存斗争中比其他生物稍具优势。

　　从无脊椎动物多样而奇异的世界向最初鱼类世界的转变，是最重
大的主要进化过程之一。直到最近，早期脊椎动物的祖先来源才通过
分子数据得以解决。我们在海滩上发现被称为海鞘或被囊类的简单动
物，现在被认为是与我们最接近的现生无脊椎动物。虽然它们看起来
一点儿也不像早期的鱼，但是它们的幼虫有着肌肉发达的尾巴、鳃裂
以及支撑身体和尾巴轴的坚硬软骨棒。在这些方面，它们与5.2亿年前
出现的第一种无颌鱼类非常接近。今天的无颌鱼类，以七鳃鳗和盲鳗
为代表，都是在水中产卵繁殖的，雄性在卵上释放精子。

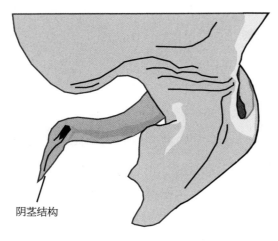

阴茎结构

施虐暴蛛（*Harpactea
sadistica*）[8]的阴茎结
构（改自 Řezáč 2009）

　　脊椎动物进化的下一重要步骤，是有颌鱼类的出现，比如有厚重盔甲的盾皮鱼类。如前几章所讨论的，我们现在知道其中一些精心设计的交配方式。有些使用覆有带刺骨片的鳍脚，而另一些则有更光滑、更纤细的鳍脚。几乎可以肯定，它是一种插入器官。现生的鲨鱼和鳐鱼也使用类似的交配方法，尽管它们的鳍脚软而柔韧，且内部有坚韧的软骨棒支撑。

　　在了解了鱼类繁殖方式后，我们进化旅程的下一个重要阶段——从泥盆纪盾皮鱼中亲密性行为的起源到我们人类——就是尝试理解鱼类是如何最终离开水域并征服陆地的。它们在这样的演化进程中，到底怎么做爱呢？

第 11 章

海滩上的浪漫

> ……小银鱼又跑了
>
> 穿过有油污的海
>
> 在岸上产卵，然后被失业的酒鬼抓住
>
> 他戴着帆布帽
>
> 没有女人陪伴
>
> ——布科夫斯基（C. Bukowski）《知更鸟祝我好运》

如果你以为《乱世忠魂》（*From Here to Eternity*）里的兰开斯特（B. Lancaster）在汹涌的夏威夷海浪中亲吻柯儿（D. Kerr）是性感的，那么你还没有见识过真正的性感。加利福尼亚小银鱼的学名是滑皮银汉鱼（*Leuresthes Tenuis*）。这是一种长约 8 英寸（20 厘米）的小鱼，会在月光明媚的夏夜海滩上尽情地做爱。让我给这样的场景勾勒一幅画面，以供了解一切是如何发生的。

约在满月后的 3 天里，在温暖的夏夜，海滩被苍白的月光照射，明净得出奇。伴随着潮水的冲刷，一群雌鱼爬上了海滩。她们在湿润的沙滩上扭动着身躯，设法把自己埋到手臂（好吧，应该叫作胸鳍）的位置，只露出身体的上半部和头部。接下来是好色的雄鱼，最多有 8 条雄鱼对应 1 条雌鱼。雄鱼在接下来的波涛里冲浪，并迫切地簇拥在暴露出来的雌鱼们周围，疯狂地将精子喷射到雌鱼头上和身体上。精子慢慢地冲洗雌鱼光滑的皮肤，最终到达雌鱼在沙地上产卵的地方。任务完成后，雌鱼们把受精卵安全地埋在沙子里后，扭动身体朝着开阔的水面游去，她们显然需要清洗一下（参见图版第 4 页彩图 10）。这些卵子将成为各种掠食者的目标，如螃蟹和海鸥，但如果有一些卵能幸存下来，它们将在约 10 天的下一个涨潮期得以孵化[1]。

现在你也许可以理解，为什么在 20 世纪 50 年代，年轻的加利福尼亚人会趁着夏夜出去看小银鱼交配——"捉小银鱼"很快成了"去约会"的委婉之词。扎帕（F. Zappa）甚至在 1963 年的曲子《小银鱼抢滩》（Grunion Run）里捕捉到了这种情绪。

小银鱼和金鱼、鳟鱼或鲑鱼一样，都是辐鳍鱼（有骨质鳍条支撑鳍的鱼），但后者仍然需要在水中繁殖。在大约 3 万种已知的辐鳍鱼中，有多种交配方式，我们在前面的章节已经讨论过其中的一些，但是不在水中交配的种类极少。即便是弹涂鱼和肺鱼等那些会呼吸空气的鱼类，仍然需要在水中交配，大多数已知的两栖动物，如青蛙，也不例外。然而，在鱼类刚开始离开水向陆地进化的关键时刻，这种涉及呼吸空气和保持足够湿度以防干燥的生殖生理变化，以及由此引发的泌尿生殖系统的变化，最终会成为必选项，而不仅仅是可选项。

第一批陆生动物是早期两栖动物的祖先，这类四足动物[2]在解剖学上与它们的鱼类祖先非常相似。但是，从水中到陆地的过渡是如何实现的呢？帮助我们回答此问题的最著名发现之一是提克塔利克鱼（*Tiktaalik*）[3]——一种进步的肉鳍鱼。2006 年这项发现被公布，并成为全球头条新闻，被誉为鱼类和陆生动物之间真正的"缺失环节"。

芝加哥大学（University of Chicago）舒宾（N. Shubin）教授和费城科学院（Philadelphia Academy of Sciences）戴施勒（T. Daeschler）博士领导的团队，在加拿大北极地区发现了这种鱼化石。在此化石被发现之前，他们在其可能出现的地方寻找合适的地层。在寒冷的北方，发掘工作花费了好几个艰苦的野外季节。提克塔利克鱼（意为"淡水鳕"，在北加拿大因纽特语言中为"一条大的鱼"之意）是一种在全世界来说都保存得很好的化石。它有着如短吻鳄一般扁平的头部，眼睛长在脑袋顶部，类似于许多早期两栖动物化石。它有强壮的肩带和粗壮的前肢。但提克塔利克鱼真正令人惊奇的是，它的头骨和颊部骨骼与最早四足动物（有四条腿的动物）的骨头完全吻合，如 3.6 亿年前的棘螈（*Acanthostega*）。跟棘螈一样，提克塔利克鱼的成对前肢（或"手臂"）有着强壮的肱骨、尺骨和桡骨。然而，提克塔利克鱼的鳍末端仍有粗壮的鳍条，表明它仍然是"鱼"，而棘螈的四肢末端则是短粗的指骨。最近，澳大利亚莫纳什大学的布瓦韦尔（C. Boisvert）和瑞典乌普萨拉大学的阿尔贝里发现，一种提克塔利克鱼的近亲——潘氏鱼显示了鳍上指骨形成的开始，是鱼类向陆生动物进化之过渡阶段的另一个例子。

对这些最早两栖动物进行过详细研究的科学家们，如剑桥大学动物博物馆（Cambridge University's Zoology Museum）的克拉克

（J. Clack）教授[4]，都认为它们最有可能是完全水生的动物，拥有多个手指或脚趾（棘螈有 8 个），可能专门用来辅助游泳。就像水生爬行动物如蛇颈龙或鱼龙，也有多排指骨。在第一批两栖动物登上陆地之后，标准数量的手指和脚趾最终稳定在每肢 5 个。此后肢体模式就被设定为非对称的，每一肢体上的指（趾）为奇数个，正如我们自己的手指和脚趾那样。尽管有了如此有用的附肢，第一批陆生两栖动物，像今天几乎所有两栖动物一样，都要回到水中繁殖。2010 年年初在波兰扎切米尔（Zachelmie）采石场发现了一些四足动物登陆之最早证据，这些证据来自大约 3.9 亿年前的海岸线沉积物。关于这些生物可能是最早在海滩上进行交配的动物，这一推测并非无稽之谈。它们是在水中交配、产卵，还是像今天一些青蛙那样，近距离接触泄殖腔？这仍是一个谜——非常遗憾，它们的化石记录没有留下交配行为的任何证据。

今天的两栖动物表现出广泛的交配行为，但是绝大多数仍然回到淡水中，用类似于辐鳍鱼的方式繁殖（雌性产下大量的卵，雄性在卵上释放精子）。当然，和小银鱼一样，两栖动物也有许多疯狂而奇怪的变种。许多雄性青蛙通过"抱对"与雌性交配（这是一个礼貌的术语），从后面抓住雌蛙并迫使其采取泄殖腔对泄殖腔的体位。这意味着精子既可以直接流到雌性的泄殖腔，也可以在卵出来时直接流到卵上。北美尾蟾（Ascaphus truei）[5] 使用的是一种原始的交配方式，运用一种类似阴茎的附属物，这种附属物是一种改装的尾巴。雄蛙抓住雌蛙，然后将尾巴插入雌蛙的泄殖腔，通过内部受精来储存精子，这在青蛙界是独一无二的。这种雄蛙似乎是两栖动物中真正的绅士，更大、更强壮的雄蛙不会赶走正在交配的更小雄蛙，而是更愿意等待机会。

青蛙表现出广泛的交配行为。如一些难以置信的例子，卵齿蟾属（*Eleutherodactylus*）（相传包括大约 700 个种），能够通过一种直接的发育方式从淡水中繁殖：幼蛙从卵中孵化而不经历蝌蚪阶段。有些蛙甚至直接生下能运动的孩子。又如波多黎各稀有的或最近灭绝的碧玉卵齿蟾（*Eleutherodactylus jasperi*），卵在雌蛙体内孵化，出生时的幼仔已经是完整的小青蛙。

澳大利亚的胃育蛙（*Rheobatrachus*）自 1985 年就消失无踪了，现在被认为已经灭绝。这种蛙有一种独特的亲代照顾方式，在其他两栖动物中均未有发现：雌蛙会将体外受精的卵吞下，多达 40 个受精卵进入她的消化系统。受精卵周围有一层厚厚的覆盖物，含有一种能阻止胃酸分泌的物质——前列腺素（proglandin）。但是尽管如此，一些受精卵最终仍可能被当作食物消化吸收掉。最后，大约有一半的卵会孵化出来，小蝌蚪通过分泌更多的化学物质来阻止被消化掉，从而继续生活在妈妈的胃里。蝌蚪发育超过 6 周后，母蛙的胃会扩张，几乎占据了她所有的体腔。最终，小青蛙会从伟大母亲的口中出来——这可能是我们人类永远不会再见到的景象。

有时没有什么能够阻止雄性青蛙散播它的基因。在某些情况下，木蛙（*Rana sylvatica*）[6]的交配热潮会变得非常激烈，以至于雄蛙几乎会爬上任何东西，包括其他雄性或其他两栖动物，如毫无提防的雄性或雌性虎螈。然而最近的实验也表明，某些条件可以从根本上改变青蛙的行为。例如，被微量除草剂阿特拉津（现在被认为是一种有效的内分泌干扰物）污染的溪流，可以改变雄蛙的性器官和行为[7]。加利福尼亚大学伯克利分校（University of California, Berkeley）的海斯（T. Hayes）和他的同事在 2010 年发表的一篇论文证明，这种药剂可以化学阉割雄蛙，并诱导同性恋行为。雄蛙在被污染的水中浸泡后，会爬上其他雄蛙，大约 10% 的雄蛙后来会改变性别，变成雌蛙。这一发现非常重要，因为它最终为两栖动物数量的急剧下降找到了一个原因，即便在只有少量化学物质渗入的两栖动物繁殖区。这种化学物质对两栖动物的活性浓度仅为百亿分之一。

那么，有没有真正交配的两栖动物群体呢？答案是肯定的，但它们属于一个非常怪异的特殊群体。

这些外表像蛇一样没有腿的两栖动物，大多生活在水中或潮湿的热带土壤中，捕食蠕虫和其他较小的猎物。有些物种是如此特化，以至于完全没有肺，直接通过皮肤吸收氧气。它们都是为了繁殖而交配的，雄性在交配时使用一种被称为交接器的粗壮小结构——一种源自泄殖腔后部组织的类似阴茎的结构，将其插入雌性体内，并在传递精子之时将此交接器留在雌性体内长达 3 小时。

一些蚓螈类，例如蚓螈属（*Scolecomorphus*），其泄殖腔区域被软骨针状体（针状小棒）强化，其中一些针状体也装饰交接器[8]。在 1998 年的一篇论文中，加州大学伯克利分校的韦克（M. Wake）博士将这些针状体与动物插入器官中的其他矿化结构［如一些哺乳动物的阴茎骨和阴蒂骨，以及一些蜥蜴和蛇的半阴茎（成对阴茎）的矿化部分］进行了比较。但她很快指出，她认为这些结构与蚓螈的针状体不是同源的，也不是"等效的进化衍生物"，因为它们的发育起源不同（我将在本书的最后一部分讨论这个论点，因为最近涉及 *hox* 基因的研究表明，在广泛的动物群体中，某些结构可能是由相同的遗传过程发展而来，即使实际的组织类型并不相同）。

青蛙和蚓螈均为高度特化的两栖动物，它们的身体结构是从原始的长身体、长尾巴的形态演化而来，这种形态模式从最早的两栖动物化石中就能观察到。为了更好地了解原始两栖动物的交配方式，我们还可以观察现生蝾螈的习性。

例如，生活在美国东南部的斑点钝口螈（*Ambystoma maculatum*），可以长到约 10 英寸（25 厘米）。作为交配仪式的一部分，它进行了精心准备的求偶仪式。雄性用头轻轻蹭雌性来与之接触，在反复环绕雌性之后，它将自己的精子包（精囊）放在池塘底，以便雌性用泄殖腔将其捡起。雄性之间的竞争很激烈，如果在交配仪式中遇到竞争对手，它们有时会把精囊放在其他雄性的精子上面。雄性加利福尼亚蝾螈——隆凸北螈（*Taricha torosa*），首先通过跳舞来吸引雌性的注意，然后爬上雌螈的身体，温柔地用它的鼻子蹭雌螈下巴，或者用后腿抚摸雌螈，直到那一位被它的魅力所征服。它可能要花上一个小时来诱使雌性用泄殖腔捡起池塘底的精囊。由于蝾螈的体型更接近于早期两栖动物化石，因此我们推测棘螈可能有类似的交配行为。

陆生动物进化的下一阶段——从两栖动物到爬行动物，带来了繁殖方面的巨大创新。后一类群的四足动物（有四肢和脊柱的动物）也被称为"羊膜动物"，因为它们有一个包裹胚胎的羊膜囊（你可以在煮熟的带壳鸡蛋上看到一层薄薄的外膜）。羊膜可能是在一个有硬壳的卵内，如爬行动物和鸟类（及恐龙），或在动物体内，如哺乳动物。我们通过它们与现生爬行动物头骨模式的相似性，来鉴定早期羊膜动物化石（已知最原始的爬行动物）。特别是 3 块骨头——顶骨、上颞骨和扁骨，作为头盖骨的一部分紧密地连接在一起，像进步肉鳍鱼类（如提克塔利克鱼）和所有早期四足动物（两栖动物）的头盖骨那样。然而，这些骨头在羊膜动物（爬行动物、鸟类和哺乳动物）中，从头盖骨顶部脱离，成为枕部或后颅骨区域的一部分。因此，利用这些标准我们可以观察骨骼化石，以确定进化的这个阶段最有可能发生在什么时候。

已知最古老的羊膜动物化石是芝士湾蜥（*Casineria*）——一种类似蜥蜴的爬行动物，距今约 3.4 亿年（石炭纪早期）。随着进化的这一新阶段到来，脊椎动物可以在陆地上产卵，从而不再需要回到水中繁殖。羊膜的发育意味着，卵内发育中的动物在保持壳内水分的同时，依旧可以呼吸。这种创新是脊椎动物整个进化过程中最重要的事件，因为它需要一种新的交配方式——强制性的体内受精。

今天，所有的羊膜动物都通过交配（如绝大多数爬行动物和哺乳动物，加上一些鸟类），或者通过近距离的泄殖腔接触，将精子转移到雌性体内使卵受精（大多数鸟类）。然后，受精卵发育，在其周围形成坚硬的外壳（如鸟类和许多爬行动物），或在母体内发育直到分娩（如哺乳动物和许多爬行动物）。

爬行动物统治的巅峰是恐龙时代，即中生代——大约 2.5 亿到 6 600 万年前。这段时间见证了地球上最大的陆地动物的崛起，第一批鸟类的出现，以及真正的哺乳动物的起源和多样化。到恐龙时代末期，地球上的生殖生物学跟此前再也不一样了。

第 12 章

恐龙的性爱及其他"重量级"发现

> 在世界各地地质学家和收藏家的不懈努力下,千奇百怪的上
> 古生命形式得以揭秘,而这当中最令人赞叹的莫过于恐龙了。其
> 魅力不只在体型,更在形貌的诡谲多变、独树一格。它们是旧世
> 界里当之无愧的龙族⋯⋯
>
> ——哈钦森(H. N. Hutchinson)牧师《别日的造物》

普洛特(R. Plot)[1] 是牛津大学(Oxford University)的一名化
学教授,他曾于 1677 年出版过一本关于牛津郡(Oxfordshire)地区
自然史的图书。书中插图描绘了一块样貌奇特的化石,是前一年在奇
平诺顿(Chipping Norton)* 附近一个采石场发现的。这块化石在形态
上有 2 个球状构造,悬垂于石化了的囊袋中,宛如巨人石化之后的阴

---

* 位于英格兰牛津郡的一座城市。——译者注

囊。布鲁克斯（R. Brookes）在其 1763 年的记述中，也是如此看待这块化石的。他从这个角度仔细审视过之后，将其命名为"巨人阴囊石"（*Scrotum humannum*）。此后的研究发现，那两个睾丸状的构造，其实是恐龙股骨下端的一对关节髁。普洛特 1677 年的那张插图，一时间变成了最早的恐龙化石记录。英国地质学家巴克兰（W. Buckland）在 1824 年将其命名为巨齿龙（*Megalosaurus*）＊。

伟大的英国古生物学家霍尔斯特德（B. Halstead）博士终其一生都在为无颌鱼类的研究作出贡献，但同时也对恐龙的性爱显露出浓厚兴趣。在其职业生涯中，曾提出过饶有趣味的恐龙性爱方式，并在许多古生物学会议上提出恐龙交配的相关学说，甚至在出版于 1975 年的一本恐龙童书里面，插入了恐龙"翻云覆雨"的早期复原图。有一次在加拿大一个有关人类演化的讲座上，他用来表明人类和其他灵长类相似之处的插图，震惊了全场。

霍尔斯特德对恐龙性生活的解释，大多基于现生的爬行动物[2]。他坚信，恐龙只有一个主要的交配体位："后入式——（雄性）将前肢搭在雌性的肩上，抬起一条后腿来跨过雌性的背，将自己的尾巴卷曲至雌性的下方以使双方的泄殖

布鲁克斯在 1763 年命名的"巨人阴囊石"。这块化石在其后才被正确鉴定为巨齿龙的股骨。（图片摘自普洛特，1677 年）

＊ 由于布鲁克斯 1763 年的化石描述未经正式出版，因此"巨人阴囊石"不算有效命名。否则根据国际动植物命名法规的"优先权原则"，"巨齿龙"的正式名称应该要维持更早提出的"巨人阴囊石"。——译者注

腔对准。"他也曾思索过:"恐龙可能还会雄左雌右面对面侧躺,相互依偎,下体对着下体。"他声称找到了恐龙交配的黄金法则,就是从后方插入的雄性,肯定至少要有一只脚站在地上!

恐龙是存在于地表上最大的动物,某些类群如大体型长颈的阿根廷龙(*Argentinosaurus*),光一个颈椎就有 2 米高,全长能超过 25 米,体重更是重达 80 吨,所以当它们交配时,是否天地都为之撼动?可能是的。不过这里主要的问题是,要先确定霍尔斯特是否正确,以及我们是否有更多证据来复原恐龙的性生活。

通过网络搜索(这已成为科学家们的一线工具)来探寻恐龙可能的繁殖方式[3],往往只能找到许多模糊的推测。有家网站提出雄性恐龙可能根本没有阴茎,因此要靠"泄殖腔亲吻"的方式进行交配,也就是它们会将各自庞大的臀部靠在一起,以此将精液传输至雌性体内。这类似霍尔斯特曾经提出的方法,而绝大多数青蛙和许多鸟类也是这么做的。该网站的作者总结了他对现行研究的观点:"……雄性和雌性的生殖器在化石记录中罕有保存,因此大多数古生物学家对于恐龙性爱的认识,也许还不及一个小学二年级学生对人类多样性的了解。"若是只透过化石证据来研究恐龙的繁殖,这段叙述也许是正确的,但若从现生爬行动物和鸟类(现在被认为是与恐龙亲缘关系最近的类群)的交配方式入手,也许就有机会揭开远古恐龙性爱之神秘面纱。

现今地球上的爬行动物有着丰富的多样性——种类多达 8 200 种以上。所有爬行动物(除了喙头蜥)都是通过交尾的方式来交配。这些类群的雄性有着成对的插入器,称为"半阴茎"。在某些类群中,这对器官会减少成单一的阴茎器官,在陆龟、水龟以及鳄鱼中就是这样。

鳄鱼和短吻鳄*（鳄类）在现生动物中最接近 2.3 亿年前的某一远古类群，该类群分别演化形成了恐龙、鸟类以及鳄类。所有的恐龙都属于"主龙类"（意指"统治地球的主要爬行动物"），而鳄鱼则是这个类群中唯一存活至今的代表**。

现生最原始的爬行动物（主要通过头部特征来鉴定）是一种长得像蜥蜴的喙头蜥，这种活化石栖息在新西兰的部分地区。它们是真正的孑遗——遗留自 2.4 亿年前的三叠纪时期。喙头蜥的雄性没有阴茎，它们会直接将精子传输到雌性的泄殖腔中，就像大多数青蛙的做法。喙头蜥的性成熟需要很长一段时间，大约 20 年，直到此时雌性才能够交配，且每 4 年才产一次卵。某些喙头蜥的年龄堪称奇迹。2009 年，一只被收养多年的喙头蜥亨利[4]在 111 岁时当上了爸爸，这可能是他的第一次；而交配对象是来自因弗卡吉尔（Invercargill）***南地博物馆（Southland Museum）的米尔德丽德，当时它已经 80 岁了。所有其他现生爬行动物都有一根或者一对阴茎，因此隐藏在这一切背后的演化逻辑告诉我们：现生的所有爬行动物很可能与包括喙头蜥的这条远古血脉不同，是独立获得或演化出生殖器官的。

有鳞类包括所有现生的蜥蜴和蛇，这个类群有将近 8 000 个已知的种类，是整个爬行动物中最为成功的一支。分子证据显示，它们起源的时间在侏罗纪晚期（大约 1.5 亿年前），远比恐龙为晚，并大致与第一批鸟类同时出现在地球上。如前所述，有鳞类动物有 2 根阴茎（半

---

* 英文分别为 crocodiles 和 alligators，在中文上虽然常混淆为鳄鱼，但这两者在分类上是不同的动物。鳄鱼的头较长，吻部呈 V 形；短吻鳄则头短，吻部呈圆钝的 U 形。两者都属于鳄类成员。——译者注
** 该处可能为作者疏漏，鸟类也是主龙类存活至今的代表。——译者注
*** 为新西兰最南部的城市。——译者注

阴茎），更有趣的是这 2 根会分岔到两侧，或装饰有带刺的鳞片。这种构造令它们具有高度特化的繁殖模式，为此踏上了和恐龙及鸟类不同的起源演化之路。由于 2 根半阴茎都有自己的精子，所以通常在插入雌性时先插入一根，之后轮替插入另一根。

某些有鳞类动物有着一夫一妻制以及作为父母的奉献精神，值得人钦佩。澳大利亚的松果蜥（*Tiliqua rugosa*）[5] 在非交配季节仍维持着一夫一妻制，而且这么一结交就是 20 年左右。松果蜥是胎生的，而且有些幼体能长得很大，甚至达到母亲体重的 1/3。想象一下，这就相当于一个人类妈妈要生出重达 23 公斤的婴儿！

但并非所有的蜥蜴和蛇都有松果蜥那么高的道德标准。北美洲的袜带蛇（*Thamnophis sirtalis*）[6] 交配时，雌雄双方都会分泌信息素，让其他的蛇都可以闻香而来，找到伴侣归宿。但是最抢手的蛇往往是最温暖的雄性，它也因此俘获最多芳心。交配时，会有超过 25 条饥渴的雄性聚集在一条雌蛇周围，形成纵情狂欢的众蛇交配之球。有时候，某些雄性袜带蛇会散发出类似雌性的信息素，意图欺骗其他雄蛇来和"女装"的自己交配。科学家们认为，这种行为是雄蛇让自己可以快速从冬眠中回暖的策略。比起那些身体虚寒的竞争者，回暖后的"女装大佬"更有机会和雌蛇交配。为了证实这一假说，来自悉尼大学（University of Sydney）由夏因（R. Shine）博士领导的团队，设计了一台微型热数据记录仪来精确测量这些蛇的体温传递。实验中，他们甚至用一条死蛇被作为求爱目标（见图版第 6 页彩图 17）这件事，证实了自己的观点并发表在《自然》周刊上。结果是肯定的，某些饥渴的蛇确实尝试与死蛇交配——看来连这个在动物界都不算逾越底线，就像在陆龟（后述）中也能见到的案例一样。

如前所述，雄性陆龟及水龟都只有单一的阴茎来交配，虽然通常很慢。巨大的加拉帕戈斯象龟能活到 150 岁高龄，且重达 23 公斤，因此当它们交配时，完全没有赶时间的必要。在经过一阵摆头晃脑挑逗雌龟的注意之后，雄龟会做足准备并冲撞雌龟的甲壳，有时甚至会咬她的腿，令她龟缩回壳里。之后雄龟会趴在雌龟背上，度过欢愉的几个小时（我曾经在一本动物杂志的铜版插图纸上看见过陆龟的雄性生殖器，那绝对是我见过最恐怖的；另外请参见图版第 6 页彩图 18）。有趣的是，雄陆龟的阴茎在许多方面和哺乳类的很像。科学家曾做过研究，发现这两者的阴茎在流体静力学结构上有着相似的功能，即它

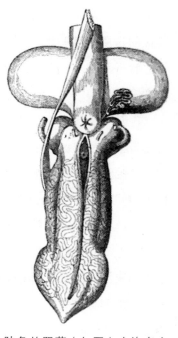

陆龟的阴茎（如图）在许多方面和哺乳类的很接近[7]。但像蛇和蜥蜴等其他爬行动物，则有成对的半阴茎。（图片摘自琼斯，1915 年）

们为勃起而采取的胶原纤维排列方式非常接近。更有趣的是，尽管这些陆龟有缓慢而乏味的名声，却在 1971 年再次得到观察研究。一项对亚达伯拉象龟（*Geochelone gigantea*）[8] 交配行为的观察发现，当一只象龟已然死去且正在被另一只象龟啃食时，居然还有只雄象龟要趴到那个死尸背上，准备进行交配。

几乎所有爬行动物都有尾巴，因此它们的交配又称为“交尾”*。

---

* 我国东汉砖雕和晋唐壁画中多次出现人首蛇身交尾图腾，而且明确地把交尾与两性交媾、繁殖后代联系起来。——译者注

为避免雄性骑到雌性身上时被碍事的尾巴所困，雄性都用阴茎作为连接的桥梁。某些情况下，演化过程会选择更长的阴茎，因为这能够"联系"得更远。也因此，某些陆龟的阴茎比其他爬行动物要雄伟许多。

我们现在已经知晓了许多现生爬行动物的交配行为，但爬行动物的化石里面是否也保存有相应的交配行为线索，来和陆龟及有鳞类动物比对呢？鱼龙是一种大型海生爬行动物，曾在化石记录中找到保存精美的胚胎[9]甚至是分娩的过程。这些记录显示，它们的交配行为可能与海豚相像。当你看到它们流线型的鱼形身躯之后，就会知道要让它们用泄殖腔亲吻来交合，是多么荒诞不经。这些生物是百分之百的水生动物，无法在海滩上爬行。因此，它们的性爱必定都如同今日的海豚或大型鲨鱼那样，发生在开放的水域中，而后面这两个类群都会用交尾的动作进行交配。

另一类小型海生爬行动物，能追溯到三叠纪时期的中国，如贵州龙（*Keichousaurus*）的化石证据显示它们也是胎生，还在母体内发现了胚胎。这类生物是大型长颈或短颈的蛇颈龙类祖先（某些蛇颈龙甚至能达到 15 米长，参见图版第 6 页彩图 19）。既然在祖先阶段就已存在胎生的策略，那么这种繁殖方式就可能延续至整个类群之中。在洛杉矶的自然历史博物馆（Natural History Museum of Los Angeles County），近期要在新一季展览中展出一种叫作双臼椎龙（*Polycotylus*）的蛇颈龙。恰佩（L. Chiappe）和欧基夫（R. O'Keefe）博士在研究中发现，这头双臼椎龙的怀中有个胚胎。这也是首度证实蛇颈龙类是体内受精，故它们的交配方式最有可能同样是交尾。

沧龙的外貌宛如海生的巨蜥，它们与现生的澳大利亚巨蜥有很近的亲缘关系，但它们却有长到骇人的尺寸——足足 15 米长！同时，这类海生爬行动物也是胎生的。卡氏蜥（*Carsosaurus*）是一种小型沧龙，来自白垩纪时期的斯洛文尼亚，在它体内至少发现了 4 个正在发育的胚胎，代表该种生物可能会在水中分娩（应该是尾巴先出来 *）。

以上种种证据都证明了，这些流线型的水生化石爬行动物应该是通过交尾来进行交配，而它们的阴茎（也可能是半阴茎）应该就像现生的鲸一样，平时收在雄性泄殖腔的位置，只有在交配时会弹射而出，这样可以确保它们光滑、流线型的身躯在游弋时不为所累。毕竟，我们也见不到鲸在游泳时还拖着阴茎，除非它们真的要干些"正事"。

关于沧龙的现生近亲巨蜥，还有个有趣的事实。巨蜥中最大的种类是科莫多巨蜥（*Varanus komodoenis*）。在 2006 年，发现这种生物能够以孤雌繁殖的方式来进行无性生殖。欧洲动物园圈养的 2 头雌性科莫多巨蜥，在没有与雄性接触的情况下，产下了成窝的受精卵，而且 DNA 分析显示，这些宝宝都是母亲的完美克隆体[10]。这是至今在脊椎动物孤雌繁殖中，体型最大且演化阶段最高（基于鱼类较低等、人类较高等的背景）的物种。或许某些雌性沧龙在没有邂逅其真命天子时，也能发挥这种潜能。

几年前，我的一位科学记者好友阿马尔菲（C. Amelfi）和我一起探究恐龙到底如何来"做"那些事，以及它们的配件应该怎么长。他在

---

　* 海生爬行动物也是用肺呼吸，因此生产时和现生的鲸、海牛一样都是尾部先出，这样能降低新生儿在生产过程中溺死的风险；而陆生动物则相反，以头部先出可以让胎儿在第一时间呼吸到新鲜空气。在我国安徽省发现三叠纪早期的原始鱼龙——巢湖龙（*Chaohusaurus*），则保留了头部先出的分娩特征，表示当时的鱼龙虽然已经完全适应水生，但生理上还保留了部分陆生之习性。——译者注

2005 年访问了许多顶尖的古生物学家，并作了一次全面的报道^[11]。他探访的许多科学家都坚信，恐龙的交配应该是通过泄殖腔亲吻来完成，而非借助雄性雄伟的阴茎状器官。

雌雄异型是指雄性和雌性有着不同的体型或外貌，目前唯一揭示恐龙可能是雌雄异型的证据来自霸王龙（*Tyrannosaurus*）。对霸王龙的观察发现，有些骨架比较纤细，有些则比较粗壮（推断可能为雌性）。但由于可观察的样本数太少，这个推断还未被古生物学家广泛接受。另一项数据指标则更为常见，在某些大型的长颈恐龙如迷惑龙（*Apatosaurus*）、梁龙（*Diplodocus*）以及圆顶龙（*Camarasaurus*）中，它们的尾椎会愈合在一起^[12]，这也被认为是恐龙雌雄异型理论的佐证。在 1991 年的一篇论文里，作者罗思柴尔德（B. Rothschild）和伯曼（D. Berman）总结道："愈合的尾椎可能只发生在雌性，这让它们可以向上弓起尾巴，以便于交配。"自从这篇文章发表以来，大多数古生物学家都批评这种推论缺乏用于证实恐龙雌雄异型的统计数据。相关争议的战火也因此延烧至今。

有关恐龙繁殖的有用化石证据就只剩一个了，它来自一类叫作窃蛋龙类的恐龙化石，在其骨盆中有 2 枚蛋保存于输卵管的位置^[13]。这件标本来自中国的江西省，距今约有 7 000 万年。对这些蛋的描述性报道是由加拿大自然博物馆（Canadian Museum of Nature）的佐藤环（T. Sato）博士所主导。她指出，这 2 枚蛋的排列方式，代表这只恐龙像鳄鱼一样保有 2 条有功能的输卵管，同时也像鸟类一样会减少排卵，这也是为何每条输卵管只有一枚蛋的原因。也就是说，这结合了鳄鱼的繁殖模式和鸟类的产蛋方式。我认为这也代表了另一种可能性，就是恐龙会用鳄鱼的方式繁殖（用一根阴茎交尾），并且会像鸵鸟或其他平胸鸟类（一类大多是大型且不会飞的鸟）这种比较原始的鸟一样，一次产 2 枚蛋。此产卵方式不同于乌龟或是鳄鱼等爬行动物，后者下蛋就显得比较随意（没有整齐的顺序）。

许多生物力学的专家也加入这场争论。他们认为如此"重量级"的动物，如果真的要进行交尾，可能会发生危险，但同时也有许多批评的声浪：恐龙体重的估算和生物力学的限制并不够精确。有一项批评由阿德莱德大学西摩（R. Seymour）教授提出：有关血压的数学计算不容忽视。这项研究认为，长颈鹿受长颈和被置于高处的头部所限，它们的血压会高于其他哺乳动物 2 倍，且心脏比例也比一般动物大 75%。基于这个结果，他认为长颈的恐龙只能用一种特殊的模式来交配：

> 如果你计算头部到心脏的垂直距离，就会发现某些恐龙的这段距离足足有 9 米，由此也能精确计算一道 9 米高的血柱所需的最小压力。计算出来的结果显示：这要 7 倍于一般哺乳动物的血压。后入式交配也许不是问题，但骑在上面的一方得让颈部保持水平。

你就想象一头 70 吨的巨型蜥脚类恐龙在交配达到性高潮时，会因为头部血压供给不足而昏厥。是的，天地肯定会为之动容。

近年来，科学家们已经确定，鸟类是凶猛肉食兽脚类恐龙的后裔［想想霸王龙（*Tyrannosaurus rex*）、异特龙（*Allosaurus*）］。与之相应的证据大多来自中国辽宁省在 20 世纪 90 年代中叶一系列惊人的化石发现，这些化石完好地保存了覆盖在恐龙身体上的羽毛。而且还不仅仅是羽毛，其上还有复杂的分岔及纤毛结构，就跟现今鸟类特有的那种一样。想要进一步理解这其中的渊源，我们首先要着眼于爬行类和鸟类大致的解剖学结构。

　　早期优秀的解剖学家如赫胥黎（T. H. Huxley）博士（江湖中人称之为"达尔文的斗犬"）就研究过最早的鸟类化石，即侏罗纪晚期的始祖鸟（*Archaeopteryx*）。当时是 19 世纪 60 年代末，赫胥黎一眼就发现早期化石鸟类的牙齿和长尾巴与一类名为美颌龙（*Compsognathus*）的小型掠食恐龙相像。从那时起，成千上万保存精美的化石发现都证实了鸟类是恐龙的后裔[14]。所有恐龙和鸟之间的演化阶段都有确切的化石发现：从有着简单羽毛能快速奔跑的小型恐龙，如中华龙鸟（*Sinosauropteryx*）；到有着精美羽毛、体型较大的掠食恐龙，如尾羽龙（*Caudipteryx*）及近鸟龙（*Anchiornis*）；再到用带羽毛的翅膀来滑翔的恐龙，如小盗龙（*Microraptor*）；以及最早的鸟类，如始祖鸟。

　　现生的鸟类在全球各地有 1 万多种，是陆生现存的脊椎动物中最为特化的类群。但说到要交配，除某些比较原始的平胸鸟类（包括鸵鸟和其他大型不会飞的鸟）和某些鸭子、鹅一类的地栖鸟类外，大多数雄性的鸟没有阴茎。我们在第 1 章已经见识过阿根廷湖鸭那长度惊人的雄性生殖器，所以当你知道非洲鸵鸟（*Struthio camelis*）这种最大的鸟类却有着很小的阴茎时，可能会相当震惊。非洲鸵鸟身高 2.5 米，体重逾 100 公斤，阴茎的长度却仅有 20 厘米。鸵鸟现今已被广泛养殖，为人们提供肉品、蛋还有羽毛，因而它们的交配行为可以在野外或者人工圈养环境中观察到。在野外时，雄性鸵鸟会表演一段精彩的求偶舞，它会奋力拍击翅膀并摇头摆尾来使雌性眼花缭乱。有一篇科研论文描述雄性鸵鸟饶有趣味的求爱策略："当他们完成整套性表演时，泄殖腔和阴茎都会转为鲜红色。雄性达到如此兴奋的程度，有时还会排尿、排便，并显露它勃起的阴茎。"[15]

这招对雌性鸵鸟似乎很管用,可能也解释了为什么有些鸵鸟会变成同性恋,例如在圈养情况下就曾观察到雌性鸵鸟骑到其他雌性背上。无独有偶,纽约中央公园动物园也有同性恋鸟类的案例,发生在 2 只叫做罗伊和西洛的雄性南极企鹅身上[16]。在一阵交颈缠绵、呼唤彼此之后,它们开始了交配动作,甚至还共同筑了一个巢。当有一枚蛋从别的巢放到它们的巢之后,罗伊和西洛开始轮流温暖着这枚蛋,直到小企鹅被孵出。这只小企鹅是雌性,被取名为坦戈。尽管交往了 6 年,罗伊和西洛最终还是分手了,因为有一只绰号 "小捣蛋" 的可爱雌性企鹅吸引了西洛的目光,以致最后它决定甩了罗伊。但是这故事还有个曲折离奇之处,就是罗伊和西洛所 "领养" 的女儿坦戈最后选了个雌性作为伴侣。

虽说现生鸟类能够帮助我们了解恐龙的繁殖,但它们 "做" 起来的大部分方法都过于特化(没错,我是在说 "泄殖腔亲吻"),以至于无法直接套用。现生的大多数鸟类属于雀形类,它们都没有阴茎,交配是借由雄性的泄殖腔把精子传输给雌性。某些鸟类甚至将这个活计提升到了艺术境界,例如篱雀能在飞行中交配,而且能在少于 1 秒的时间内完事!

最新的分子研究显示,鸵鸟和其他不会飞的原始鸟类(合称为 "古腭类",因为它们的腭部结构古老),确实是现生鸟类中最原始的类群。而鸭子、鹅还有其他一些水鸟,则在更上一层的演化阶段,带着其余的鸟类组成冠群*。

---

* crown group,系统发育学名词,指的是现生代表生物中的最近共同祖先及其所有后裔。以鸟类为例,冠群包含了今腭类(现生的大多数鸟类)和古腭类(鸵鸟等地栖的原始鸟类)的共同祖先及所有后裔,因此其中也包括一些已灭绝的类群,如渡渡鸟、恐鸟等。与之相对的是干群(stem group),以鸟类为例就是始祖鸟、非鸟类恐龙等,是在鸟类冠群之前就已经演化出来、又与鳄类有所不同的化石类群。冠群和干群共同组成一个总群。——译者注

以这种演化的角度去思考就会发现，大多数现生飞鸟失去阴茎是次生特征。换句话说，阴茎最初是广泛分布于这个类群之中的。这种演化可能是为了减轻飞行的负担，或者仅是出于飞行所需，以致尾巴和泄殖腔区域发生解剖结构的改变。这种改变让简单的泄殖腔亲吻比起交尾更具效率，生理学以及解剖学上的调整也就随之而来。虽然失去了阴茎，但许多飞鸟又演化出了惊艳卓绝的求爱仪式，例如新几内亚的天堂鸟和澳大利亚的园丁鸟。既然原始、古老的鸟类可能拥有阴茎，那么它们祖先的近亲，也就是那些肉食兽脚类恐龙就有可能会有。例如，霸王龙就可能会翻出一根阴茎进行交配（这个组织会从向内凹陷到向外突起，因此是名副其实的"翻出"），而且还是令人瞠目结舌的一大根。对于霸王龙这种量级（身长 12 米）的动物来说，要想顺利交配的话，阴茎至少得有 2 米长，如果它们还像鸭子一样是螺旋状的话，那实际长度还得增加许多。

在了解了恐龙的现存后裔、原始的鸟类以及和恐龙血缘关系最近的鳄鱼亲戚之后，我们大致可以确定恐龙的交配方式是交尾。而对于那些重达数十吨的大型恐龙来说，就像现今的大象一样，做爱肯定是件非常精细的活计。大型恐龙一方面要平衡压在雌性背上的巨大重量，另一方面也必然要操纵那些已经演化到了"雄伟"级别的雄性生殖器，这些生殖器和现生鲸的比起来，绝对是有过之而无不及。

其实，未来的古生物学家想要找到阴茎化石似乎也并非不可能，现在已经有越来越多的软组织化石随着新化石点的发现而重见天日。此外，也可以运用高新科技手段来揭示更多细节。例如，可以使用红外线摄影、X 射线以及其他断层扫描技术来研究化石。近年来，我们在 3.8 亿年前的戈戈鱼化石中找到了附有神经细胞的独立肌肉细胞，也在艾登堡鱼母（*Materpiscis*）身上发现了脐带，这些都是软组织保存完好的例子。1981 年在意大利中部找到小型恐龙——棒爪龙（*Scipionyx*）的化石，也保存有精美的软组织。从化石中可以清楚地看到肠、肝脏，还有部分肌肉的清晰印痕。因此终有一日，会蹦出一件非凡全新的恐龙化石，带领我们解开"恐龙如何做爱"这个万古谜团。

第 13 章

我们不过是哺乳类

这也告诉我们，如此雄伟的器官（阴茎）在演化上历经许多
不同的途径，至今都让生物学家茫然费解。就连我们最熟悉且常
见的人类性器官，都有着令人惊叹的演化上的未解之谜。

——戴蒙德《性趣探秘》

史上 100 首最烂金曲的第 49 名是血性猎犬帮（Bloodhound Gang）
的《坏接触》（*The Bad Touch*）[1]。尽管烂，歌词中还是道出了一桩事
实的精髓："我们可能仅仅是哺乳动物"，但这并非那么糟糕。事实上，
我们特化的身体结构还是有些补救性的特征。因此，正在阅读本书的
哺乳动物们注意了：这是你们翘首以待的一章，包含了对"深入浅出"
的快速回顾。换句话说，本章就是"哺乳动物性爱"的简介。

哺乳动物的交配，要仰赖雄性的一根阴茎将精子传输到雌性阴道
中，然后直到胎儿发育完全，卵的受精和胚胎的养育都是在母体之内。

虽然某些原始的哺乳动物如单孔类，还会产下皮革质地的蛋——包括澳大利亚鸭嘴兽和新几内亚针鼹，不过这些都是非常罕见的例外。而澳大利亚的大多数哺乳动物（如袋鼠、考拉、袋熊等）属于有袋类，它们会生出极小的胎儿，这些小胎儿会爬到母亲的袋中接受喂养，直到它们足以自食其力。

有胎盘的哺乳动物是地球上的一大主体，诸如灵长类（人类和猿类）、狗、猫、鲸及老鼠等。它们未出生的幼体都在母体内发育，并通过胎盘来哺育幼体，直至发育到比较成熟的阶段。这其中，许多胎儿甚至生下来就能够独立自主，然而我们灵长类是个例外。我们的婴儿在能够照顾自己之前，还需要经历很长一段被双亲照料的时间。这是我们的大脑在近期演化中迅速变大的结果。

不过，若是要了解哺乳动物全貌，以及我们的性爱是如何从爬行类祖先演化而来，就必须来一趟时光之旅，返回三叠纪晚期郁郁葱葱的森林之中。那是距今约 2.2 亿年前，哺乳动物的祖先首度在地球上登场。

从爬行动物到哺乳动物的过程，几乎是无缝衔接的。在许多精美的化石记录中，都保存有各个过渡阶段，包括从爬行类祖先到似哺乳爬行动物，以及演化成真哺乳动物。观察现今的骨骼结构，我们大致用一个主要特征来定义哺乳类：下颌仅由一块骨头（齿骨）构成。在祖先类群的爬行动物中，下颌还由其他小骨头所组成，但是在哺乳动物中，这些骨骼就被并入内耳之中（如砧骨和锤骨）。上述演化阶段大约发生于 2 亿年之前，有一头外貌酷似鼩鼱的巨颅兽（*Hadroconium*）身上出现了哺乳动物的颌部关节，但此时它的内耳还未完全变成哺乳动物模样。

　　如前所述，基本上所有哺乳类雄性都有一根交配用的阴茎，但说到它的形状、尺寸、用法及内部结构，在整个类群中可谓大相径庭。哺乳类的阴茎主要演化出 3 种类型[2]。第一种阴茎由弹性纤维组织构成，如牛、猪、鲸的就是。这些阴茎总是处于半勃起状态，其组织致密而坚固，让这些阴茎可以加粗，但长度却无法增加太多，因此这更适合在交配时保持插入状态，以确保有更长时间传输精子。以猪为例，它们有螺旋状的阴茎能够深入母猪阴道并直达子宫，这让泥泞的猪式性爱持续更久。

　　第二种哺乳类的阴茎会由一根称为"阴茎骨"的骨骼所支持（参见图版第 7 页彩图 20）。阴茎骨顾名思义是一个长在阴茎内部的大型骨化单元，存在于食肉类（狗、海豹、熊、黄鼠狼及其近亲）、啮齿类（但不包含兔子*）、蝙蝠、食虫类（包括鼹鼠、鼩鼱和刺猬）以及多数灵长类之中，不过这并不包含我们人类。可凡事总有例外，在某些极罕见的病例中，人类男性也会长出阴茎骨。阴蒂骨在雌性中就比较罕见，不过在许多具有阴茎骨的类群中，也都能见到阴蒂骨的身影。

　　哺乳类的第三种阴茎是有血管的阴茎，我们人类即是最好的代表。这些阴茎有着极为多孔而富于弹性的结构，这让它们从松弛的休息状态到充血的勃起状态时，尺寸能急剧增加。从人类阴茎的横切面（听着可真疼）可以看到一个大的阴茎海绵体、一个较小的尿道海绵体（它能保护负责运输精液和尿液的尿道），以及周围的肌肉。阴茎海绵体是一种海绵状的高压系统，负责调控阴茎的大小和硬度。阴茎海绵体的外壁包裹了一层高度组织化的胶原蛋白，这能增强勃起时的强度，

---

　*　根据较为规范的动物分类，兔子不属于啮齿类而属于兔形类。不过在英语表达中也有以 rodents（啮齿动物）涵盖兔子的用法。——译者注

让阴茎更大且更难被弯折。

　　哺乳动物的阴茎在形貌、尺寸和用法上千奇百怪。托德（R. Todd）在 1852 年的《解剖和生理全书》（*Cyclopedia of Anatomy and Physiology*）中，就介绍了一种非同寻常的啮齿类阴茎：

　　　　大多数啮齿类动物的阴茎，都有包裹在阴茎海绵体之下的骨骼，但在我们面前它们最显眼的部分莫过于龟头。许多啮齿动物的龟头都有强大的配置，如棘刺、锯齿或是尖角，那绝对是个增添情趣的刺激“工具”。

　　托德书中插画里的阴茎，来自刺豚鼠[3]。这是一种南美洲的啮齿类，与豚鼠是近亲。图中的阴茎极为诡谲，在龟头处有棘刺包覆，此外还有 2 根带有锯齿状边缘的尖锐突起。在近代研究中，雄性刺豚鼠的阴茎还被描述成“U 形”，这个形象确实有些令人胆战心惊。对此种怪状我也找不到明确解释，但是我们可以试着猜一猜。

　　某些哺乳动物的阴茎发展出这种野蛮的装饰，主要是为了清除前一次交配中雄性留下的交配栓。豚鼠和刺豚鼠是近亲，其雄性会产生 3

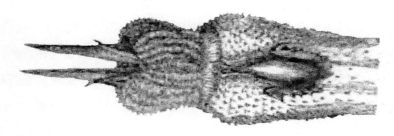

啮齿类刺豚鼠的阴茎体现了“瑞士军刀”式的交配，它们要用这些装饰的棘刺来切穿交配栓。（图片摘自托德，1852 年）

厘米厚的交配栓，重达 15 克。交配栓会留在雌性体内，因此当其他雄性再来交配时，它的阴茎就得像刺豚鼠的那样，要能够刺穿或是移除这个栓塞。

实际上，啮齿类的阴茎形状和阴茎装饰物多种多样，从而仅凭着阴茎就可以鉴定新几内亚（New Guinea）* 的啮齿动物[4]，进而研究此地啮齿类之演化历史。莱迪克（W. Lidicker）博士在 20 世纪 60 年代对 28 个物种进行了仔细研究，他从 72 根啮齿类阴茎中发现了 66 个不同特征。一位哺乳动物专家告诉我，这种对啮齿类的分类方法迄今都还适用。

但是，究竟为何要在生殖器官上演化出这么多奇形怪状的形态呢？哥斯达黎加大学（University of Costa Rica）的埃博哈德（B. Eberhard）认为，雄性生殖器之所以演化出特定形状，主要是为了在交配期间使雌性兴奋[5]。雌性们也能借此评估雄性精子的质量。这与以往的"锁与钥匙"假说不同。先前的假说认为，不同物种演化出不同形状，是为了避免与其他物种之间进行交配，但此说已无法得到多数生物学家青睐。现在的演化生物学家对生殖器多样化的解释主要有 4 个假说。这些假说有个共通点，就是都认为这是雌性对交配或是精子优劣选择的结果（如我们在下一章将会看到的）。

让我们回到哺乳类以及我们自己是如何走到今天这一步的话题上。既然我们已经知道有 3 种阴茎，而且通过现代的观察也知道所有哺乳动物的繁殖都需要交配，那么这对我们推断哺乳类交配方法的起源会有何帮助呢？化石能否在早期哺乳动物的交配行为上泄露"一线

---

* 位于澳大利亚以北，是世界第二大岛屿。——译者注

天机"？

　　由于在许多哺乳动物类群中存在阴茎骨，故在哺乳类的化石上我们总算能真正看到性行为的证据了[6]。2010 年，有一根 1.2 万年前的海象阴茎骨，在拍卖会上以 8 000 美元价格成交，买主是雷普利（Ripley）集团的"信不信由你！"（Believe It or Not!）博物馆（见图版第 7 页彩图 21）。而在阿拉斯加，现生海象的阴茎骨还会被抛光制成刀柄卖给观光客，称为"乌西克斯"（oosiks）。化石中的阴茎骨能追溯到 4 900 万年前。在德国始新世发现的早期灵长类高帝那猴（*Godinotia*）和欧洲狐猴（*Europolemur*），其阴茎骨保存完好（而且还挺大）。

　　结合阴茎骨的长度和对灵长类交配的观察发现，阴茎骨越长（也就是阴茎越长），插入时间（或是交配时间）也越长，这项研究工作由爱丁堡大学繁殖生物学中心（Centre for Reproductive Biology in Edinburgh）的迪克森（A. Dixson）博士完成。总的说来，哺乳动物中的化石阴茎骨能告诉我们的并不多，并不比从现生对应物种直接能推测得到的真相多，顶多就能够确定，它们大概也用相同的物理方法性交。果真如上述所言，我们近期对现生哺乳动物交配行为及其多样的性行为之发现，是否就能填补有关化石哺乳动物性交的知识空缺？

　　让我们先从存活至今最原始的哺乳动物看起吧。单孔类动物又被称为"会下蛋的哺乳类"，它们仅剩 2 个截然不同的代表存活至今，分别是鸭嘴兽和针鼹。长期以来我们对它们的交配行为所知甚少，直到最近才终于揭晓了澳大利亚短吻针鼹（*Tachyglossus aculeatus*）那诡异的性生活。

　　针鼹就像豪猪或者刺猬，背上有许多又短又尖的棘刺。一个老掉牙的笑话还说，它们在交配时要"格外谨慎"。莫罗（G. Morrow）博士在塔斯马尼亚大学（University of Tasmania）的研究团队近期总结了一项对针鼹长达 3 年的研究，该研究运用超声波和隐藏相机来观察它们的洞穴。她的团队惊讶地发现：针鼹居然会群交[7]。在洞穴中，一头雌性可以和多达 5 头雄性进行交配。而早期的研究也发现过，雄性针鼹偶尔会在冬眠中早起，并趁机与熟睡中的雌性进行交配。无论它们是怎么"做"的，无疑都非常成功，毕竟针鼹的分布横跨了整个澳大利亚。

然而针鼹近亲的鸭嘴兽（*Ornithorhynchus anatinus*）就没有那么幸运了。自从欧洲人到此殖民以来，它们现在仅存于澳大利亚东部的河川及溪流，在澳大利亚南部已灭绝殆尽。我们对鸭嘴兽在野外的交配几乎一无所知，但在人工饲养环境下曾经观察到雄性挑逗雌性，当它们发情时还会用鸭嘴含住对方的尾巴。雄性鸭嘴兽的脚踝上有一根尖锐的毒刺，但这究竟是在与雌性交配时有某种功用，还是用来和情敌决斗，目前尚不得而知。我们知道，像泰诺脊齿兽（*Teinolophus*）等类似鸭嘴兽的化石，能追溯到 1.2 亿年前的澳大利亚，因此无论这种原始的小哺乳动物如何传宗接代，它们在过去很长一段时间里似乎"做"得又对又好。

由近几年的观察也发现，人类某些与生育无关的性行为，在其他哺乳动物的野外生活中也可见到。这种行为在交配中能发挥次要作用，无论是想增进群体间或是伴侣间的感情，还是为了将交配成功率最大化而在交配前作出情欲挑逗。2008 年一份关于动物同性恋[8]的评述指出，从昆虫到人类，有超过 1 500 种动物曾被观察到表现出同性或双性的性行为。在某些情况下，这类行为是由压力所引发，例如在某个案例中被关进笼子里的澳大利亚考拉（*Phascolarctos cinereus*）。

昆士兰大学（University of Queensland）的一个团队观察到[9]，在

布里斯班（Brisbane）*的龙柏考拉动物园（Lone Pine Koala Sanctuary），雌性考拉们明显想要相互交配，有超过 5 只雌性簇拥在一起，某些雌性考拉甚至开始模仿起雄性交配时的吼叫声。研究人员观察到超过 43 起这类行为，他们将其称作伪交配，并归结到封闭环境的压力。这种行为只发生在发情期的雌性之间，作为一个生理标志，代表它们已经准备好与雄性交合。该团队的菲利普斯（C. Phillips）相信，某些动物的"同性恋"行为是为了在压力下仍能保持性功能。他进一步指出，考拉在野外是完全独居的动物，而且全都是异性恋。

哺乳动物的性交模式可谓包罗万象，比如有一种名叫阔脚袋鼩（Antechinus）的有袋类动物，总共有 10 个种类。它们跟某些其他哺乳动物一样，都是"单次繁殖"，意味着一生中仅交配一次，并且在事后很快死亡。雄性阔脚袋鼩会在冬天交配，它们会减去身上多余的体重和蛋白质，使自己成为名副其实的交配机器。之后它就开始和雌性交配，且长达 12 小时没有停歇，直到其免疫系统不堪负荷，并引领它走向死亡。这个交配狂潮有时会变得淫乱，会演变成"一雌对多雄"的局面，雌性在受精之前还会将搜集来的精子储藏起来，长达 3 天。

让我们再来看看一些像蝙蝠或鼩鼱之类原始有胎盘类哺乳动物的性爱表现吧。虽然这类化石证据依旧十分稀缺，但是当我们将目光投向现生动物时，就能发现某些特定的中国果蝠有着卓尔不群且不可思议的性行为[10]。2009 年，来自中国和英国大学的谭敏（M. Tan）博士及其同事，共同向世界宣布了有关中国短吻果蝠（Cynopterus sphinx）的研究成果。他们发现，这种蝙蝠常会口交，借助这种行为可以延长

* 又译布里斯本，为昆士兰州首府，位于澳大利亚东北部。——译者注

交配时间以提高交配成功率。有一位专家在他们的总结中解释道：

在背腹向交配时，雌蝙蝠常会舔舐它们伴侣的阴茎。雌性会低下它们的头来舔雄性阴茎的主干或根部，但不会去舔舐已经插入阴道的龟头。雄性绝不会在它们的伴侣舔舐时拔出阴茎，因此雌性舔舐雄性阴茎的时长与交配持续时间呈正相关。不仅如此，如果雌性舔舐雄性阴茎，则这对伴侣的交配时间比起完全没有口交会有显著增加。

此观察中最引人注目的是，雌性会在交配期间舔雄性阴茎的根部，以延长交配持续时间，而雄性在事后会舔自己阴茎多达数秒。这是第一次在人类以外的哺乳类中观察到有动物会将这种行为作为挑逗性趣的常规活动，类似我们所说的"前戏"。因此，我们人类似乎不是动物界中唯一会挑战各种性姿势的物种，但我们依然是唯一会经常采用各种前戏及性交来增强我们性爱快感的哺乳动物。

亚洲的果蝠还有许多奇怪之处。1994年弗朗西斯（C. Francis）博士和他的团队在《自然》周刊上报道了马来西亚的雄性棕榈果蝠[11]会自发性地分泌乳汁，来协助授乳期的雌性哺育幼体。这是首度在野生动物群落中观察到自发性的雄性授乳期。这也提醒我们，为何现今的雄性还会有乳头。虽然这些乳头大多只是演化的"冗余"，但当生存压力足够大时，它们还是有再度被激活的潜能。

多数养猫人都熟悉，雄猫会在各个角落挥洒它们那股骚臭的气味。它们这么做不仅可以防止其他雄性入侵它的领地，还能向任何进入领地的雌性把自己宣传一番。猫科动物无论体型大小，都是多次发情的。

也就是说，它们的雌性在一年之中无论何时都能进行交配，而且能"做"上许多次。当狮子交配时，它们能结合超过 2 天，并在每天享受 20～80 次之多的性交。猫科动物包括狮子和小型家养宠物，是展现出特别野蛮交配方式的另一种动物。雄猫的阴茎上装饰有许多短小的倒钩状棘刺，当雄猫将阴茎抽出时，会刮耙雌猫的阴道，这也是为何每当雄猫"下车"时，雌猫都会发出惨烈的呻吟。这种行为有双重目的：第一是要将先前交配残留于雌性体内的精子刮除干净；第二个也是最重要的，就是要以此刺激雌猫排卵。

狗及它们的近亲则有自己的交配特点，特别在一些经过极端人为选育的品系中。所有的狗都是狼的后裔，驯化大约发生在 1.5 万年或更久之前。当狗和人类开始同居时，人类也开始选择并培育它们的个性。在这个过程中，人类专注找出这些品系中能和自己处得最好的基因。晚近以来，大多数杂交还针对特殊需求，如狩猎或采集；而更加近代之后，则甚至为迎合某些宠物爱好者，培育出了吸引他们的新颖特性。这也导致了某些特别奇怪的遗传，譬如法国斗牛犬，如今雄性已无法和雌性交配，它们传宗接代的唯一方法不得不靠人工授精。

但在所有近似狗的哺乳动物中，最奇怪的性行为还数长着碎斑点、来自非洲的斑鬣狗（*Crocuta crocuta*）[12]。雌性斑鬣狗所演化出的阴蒂，由一根粗壮的内部软骨所支撑，形成一个类似阴茎的结构，称为"阴茎状阴蒂"。同时，这个器官还能勃起，并突出身体长达 18 厘米。几个世纪以来，此现象引发了斑鬣狗是雌雄同体的传说。可实际上，它们的交配流程比那还要耐人寻味——这些鬣狗是唯一会通过雌性阴

---

* 鬣狗实际上属于"猫型类"哺乳动物，和猫的亲缘关系更为接近。此处所谓"近似狗"仅指外貌上的近似。——译者注

蒂的小缺口来进行性交和分娩的哺乳动物，而不像常规的方式通过阴道来完成。

近期一份来自加利福尼亚大学旧金山分校（University of California, San Francisco）有关鬣狗解剖学的研究，由库尼亚（G. Cunha）及其同事提出。他们发现，鬣狗的诞生要经过一段"迂回"的弯曲通道，最后再通过阴蒂上的一个小口道。而性交的话，雄性需要瞄准一个很小的目标，并在交合时透过阴茎上一个特殊的铰链翻转目标，这样才能确保它从正确角度进入（参见图版第 7 页彩图 22）。

那为何雌性鬣狗需要长出一根阴茎状的阴蒂呢？这显然可以归结为：鬣狗为维持它们的社会结构，演化出特殊的行为，例如模拟交配或是用来促进交配。如同库尼亚及其同事所述，鬣狗会定期检查对方的生殖器，雌雄皆然。在见面时："鬣狗的礼仪要求低阶的鬣狗自发性地展露勃起的阴茎，以供领导阶层检视。"雌性的鬣狗也会用它们勃起的阴蒂来象征它们在同族雌性中的地位，而雌性鬣狗的阴蒂小开口让她们在处理是否交配以及和谁交配的问题上拥有更多主动权。因此，尽管在分娩幼崽时发生的撕裂，往往会导致她们阴蒂严重破裂，但是凭借着在控制性行为及选择最佳伴侣上的演化优势，这种奇怪的构造似乎为自己赢得了一片天。

现生哺乳动物在当今所有高等动物类群中无疑拥有最丰富多彩的性行为，尤其我们人类在性爱上的表现绝对堪称大家。尽管人类似乎有个"标准"的交配模式来完成繁衍（即所谓"传教士体位"*），但多

---

* 即男上女下面对面交合的体位，又称正常体位。关于该名称的由来，最盛行的说法是基督教传教士在传教时提倡这种体位符合天性，要求他国的教徒不要用其他类似动物的野蛮方式交配，但事实上这个名称可能只是美国学者金赛（A. C. Kinsey）误读了历史文献以讹传讹而来。——译者注

数人在性交上发展出不同的癖好。此类癖好与其说是为了传宗接代，毋宁说主要是为了得到性爱所带来的愉悦。

戴蒙德在《性趣探秘》[13]中指出，人类是哺乳动物中少数雌性不会招摇宣传自己可以交媾以及正在发情（排卵）的类群之一。由于人类女性并不像其他灵长类会展现出它们的欲火，因此我们人类似乎一直在发展着男性渴求女性的性欲。该理论认为，这种模式源于我们文化发展的初期阶段，利用性欢愉来换取与一夫一妻制相关的长远利益（如提供主要的保护和合作采集食物），这个阶段是我们现代性行为模式的雏形＊。虽然已经有许多书籍涉及人类性行为及其可能的起源，但我这里主要是想在更广阔的演化背景下构建这个非凡的变化。

在我们人类的转变过程中，从 250 万至 300 万年前栖息于非洲的猿人祖先——南方古猿，到现代人，灵长类的脑容量和复杂性迅速攀升。大脑在一个较短的期间内增长了 2 倍。实际上从出生到成人，我们人类的大脑增加了 3.3 倍。相比之下，黑猩猩不过才增加了 2.5 倍。在这种模式下，出生时的大脑都还未发育完全，否则婴儿的头部就会过大，进而让他们的母亲在分娩时承担更大风险，这极有可能造成分娩的延长或阻碍，导致胎儿缺氧甚至造成死胎。因此在自然选择中，婴儿有着较小的头和未成熟的大脑是比较顺遂人愿的。在过去 200 万年中，尽管人类大脑相对于全身体重有显著增加，可女性骨盆并未增加到相应尺寸，这就解释了为何我们现代人在分娩时比其他哺乳动物有更多困苦之处。

尼安德特人是人类近亲，在北欧洲及亚洲存活到 3 万年前，而他

＊ 这种用行为交换来解释人类现代性行为模式起源的观点，虽具启发性但是尚有解释不周之处。——译者注

们的大脑比现代人还大。在俄罗斯及叙利亚（Syria）洞穴遗址中找到的新生儿残骸，揭示了他们的婴儿和我们现代人在出生时的大脑尺寸上相当[14]。因此在婴儿发育时期，尼安德特人的生活史和我们现代人一样缓慢，甚至可能更慢一些。麦克莱恩（C. McLean）及其同事在对一份 DNA 的研究中认为，我们人类缺失了某些如黑猩猩或老鼠等其他哺乳动物仍然保有的基因（学术上称为"垃圾 DNA"），这类如 AR 和 GADD45G 基因的缺失，可能就是我们之所以为"人"而非其他灵长类动物的原因。AR 基因是控制老鼠及黑猩猩阴茎上棘刺（或角质乳突）发育的基因，但由于人类缺乏这个基因组，才造就了我们滑顺不带刺的阴茎。德国马普学会（Max Planck Institutes）的帕博（S. Pääbo）教授及其同事在一份研究中对尼安德特人的 DNA 进行了测序，发现尼安德特人也没有这组基因[15]。因此，无论在你心目中这些典型的穴居人有多么野蛮，至少他们有着和我们一样滑顺的阴茎，而这也意味着他们要在交配上花费更多时间，并且可能比其他灵长类更沉浸于这其中的欢愉。如果这都不是让我们现代人有别于其他动物的主因，那还会有什么呢？

要了解我们身为高等灵长类的性爱，就必须去观察其他灵长类动物，借此才能知道，哪些性行为是所谓"常规"的，而又有哪些属于不正常的或是特化的。在有关灵长类性行为的诸多研究中，在性行为的丰富多样性上，大概要数有关倭黑猩猩群的发现最为引人注目。

倭黑猩猩（*Pan paniscus*）[16] 比一般的黑猩猩（*Pan troglodytes*）还要矮小，它们栖息于非洲的刚果区域*中部，是现生动物中和我们有

---

* 即刚果盆地，是非洲最大的盆地，拥有世界第二大的热带雨林。——译者注

着最近亲缘关系的物种（我们有 98% 的 DNA 和它们相同）。就交配习性而言，倭黑猩猩相较其他灵长类动物有些不同之处。大猩猩或普通的黑猩猩交配方式很像狗，是雄性正对着雌性的背部，但大多数倭黑猩猩与此不同，它们和我们人类一样，采取典型的传教士体位（图版第 8 页彩图 23）。此外，它们的雌性在大多数时间都在性上很活跃，且乐意性交，而不是只在短暂的发情期才有性欲。成年雌性通常会相互触碰对方生殖器（称为"女阴摩擦"）并发出高声呻吟，代表她们达到了性高潮。雄性则会采取拟交配行为，如一方的阴囊在另一方的臀部上摩擦。有时它们也会举行"阴茎击剑"，即两个雄性挂在一根树枝上并相互摩擦勃起的阴茎，上述这些行为可能都有助于加强群体内的亲和。在扎伊尔（Zaire）*的洛马可森林（Lomako Forest），汉德勒（N. T. Handler）[17] 观察到，倭黑猩猩在进入满是成熟果实的无花果树时，会先性交再坐下来享用食物，可能代表它们将对食物的亢奋转换为性兴奋。倭黑猩猩更被发现，会在幼年雄性之间、成年雄性之间以及雌性之间互相进行口交，纯粹为了享乐。

　　其他形式的同性间性交行为，在 20 世纪 70 年代有关短尾猴（*Macaca arctoides*）的研究[18] 中也有所记录。这项研究是由加利福尼亚大学旧金山分校的斯柯林可夫（S. C. Skolinkoff）博士所主导。猴子是被圈养的，在其中观察到 36 起同性恋性行为："雄性的同性恋行为包括长时间用手刺激生殖器，有时是相互的；口腔刺激生殖器（口交），有时也是相互的；骑在背上用骨盆推压，甚至偶尔进行肛交。"在观察其他圈养的猴子集群后，斯柯林可夫博士发现，这些猴子似乎

---

　*　位于非洲中部的国家，1997 年改名为刚果民主共和国。——译者注

存在"对这类行为的癖好"。文中的结论也提到,这种猴子同性间的性交,似乎是通过观赏其他同性的性行为而被诱导出来的。这种行为如果发生在我们人类身上,看来也许是带有享乐性质的或是"情欲的",但在青年猴子身上,则被认为是在对成年性行为进行潜在的学习。

波亚尼(A. Poiani)博士[19]写过一本有关动物同性恋行为的著作,他也是我的同事。我询问他:同性恋在演化上有何普遍意义?他对此作了长篇大论的回应,以解释这类行为:

生物学家将同性恋行为视作一个演化上的难题,并认为这个难题可以通过对动物展现出的性爱模式进行详细研究来获得解答。人类自己的同性恋行为也是如此。同性之间的性交有 2 种明显的模式。其一是表现出这些行为的个体都还会和异性的同种个体进行交配。此种模式也称双性恋。不过在某些更罕见的案例中,有些个体的确只和相同性别的同种个体进行交配。这种就被称为单一同性恋。此类案例在雄性绵羊、雄性牛以及人类的男性和女性中都有。

要解决演化上存在双性恋的难题还相对简单一些,其一是双性恋者不一定会比异性恋者交配得少,其二是同性间的性行为可以演化出支配或合作的调节功能。例如在社会性生物中,统治者有时会凭借与下属交配来稳固自身的统治权,这在许多社会性哺乳动物以及社会性鸟类中都有相应案例。

那么单一同性恋呢?为何演化上会产生只和自己的同性同种进行交配的物种呢?长久以来的传统观点认为,同性恋不过是"谬误"的产物,是演化上产生成熟异性恋的机制出现了失常。然而最近的研究则支持了与此不同的观点，其中一项研究将同性恋视为对某些社会及人口环境的适应。例如，人类男性的单一同性恋更常发生在大家族中，大多是较为年轻的弟弟，并且有着更为合作的倾向。这类人在人口中占比相对较低（大约 3%），甚至在各种不同的文化内皆然。这种模式是可以被解释的。举例来说，假设同性恋的性状是复发性的基因编码突变，这些同性恋可能对他们的亲属有利，甚至可以帮上他们，进而被选择出来。该情况就是所谓的亲属选择。而某些发生在男性后代中的同性恋，则和母亲的高生育率有关。该情况则被称为性对抗选择。

以上有关单一同性恋在适应上有用的说法，似乎依然令人费解，毕竟如果同性恋那么有益，为何地球上尤其在西方文化中的同性恋会如此备受歧视呢？嗯……也许真正适应不良的是近代西方文化对同性恋的歧视，而非同性恋本身。

事实上，在动物界中也能广泛观察到自体性行为，或者所谓的自慰。这在许多猿类及猴类中尤为常见（不信就亲自去任何一家动物园看看）。养马员也都知道，没有去势的公马会把自己往物体上蹭来寻求性的抒发。雌性豪猪也会用一根棒子当作假阳具来自娱自乐。而我们应该大都经历过狗"上了"我们的腿——这也是一例。

伟大的性科学家霭理士[20]（H. H. Ellis）在 1927 年发表的研究中观察到，家养的有蹄动物会做出一些匪夷所思的行为，包括公牛、山羊、绵羊、骆驼及大象都是目前已知会自慰的物种。在他的观察中（尽管是二手资料），有关山羊自淫的行为实在让人"难以下咽"："有位被公认在山羊方面属于权威的绅士告诉我，这些山羊有时会将阴茎放入口中来引起高潮，是名副其实的自体口交。"

　　因此在本节的简短调查中，通过对动物行为无论近期还是由来已久的观察都能发现，许多被某些人认定背离道德的性爱活动，抑或是被其他人界定为刺激或稀松平常的活动，在许多野生动物中都能找到相同或相近的模式，都只是我们所谓广泛多元的哺乳动物性行为之一小部分。

　　从原始鱼类长出奇怪的骨质鳍脚，到4亿年后的今天，人类能在性爱中享受高度的欢愉，我们已经跨越了一段漫长的旅程。从对性机制及性爱演化的探索中，我们还剩下最后一个环节要讨论，要来看看一些有关在"完事"之后怎么负责的最新发现。达尔文认为，性选择是演化变异的主要驱动力。他的观点确实没有错，但他不知道的是，自然选择时常会在被授精的雌性体内进行。生殖生理学的专家学者们将这种现象称为"精子竞争"。有时事态会越发严重，上升到"精子战争"的地步。在对演化过程的了解中，这个振奋人心的研究领域可谓展开了一场前所未有的崭新竞技。

第 14 章

精子战争：化石无法告诉我们的那些事

> 在动物的繁殖行为中，没有或几乎没有任何一件事是合理的，除非用精子竞争的光芒去拨开迷雾。
>
> ——雪菲尔大学伯克黑德（T. Birkhead）教授

当贝克（R. Baker）的备受争议之作《精子战争》（*Sperm Wars*）[1]在 1997 年荣登《纽约时报》畅销书排行榜时，给媒体引发了一阵轰动。这个故事描绘了人类的精子如何杀戮男性竞争对手的敌对精子，甚至有的"神风敢死"*精子会不惜牺牲自己都要用酶来扫荡敌人，刻画了一场子宫内"迷你精子士兵们"的战争。然而，顶尖的生殖生物学专家伯克黑德、穆尔（H. Moore）以及贝德福德（M. Bedford）在书评中抨击该书的理论是危言耸听，并指出书中断言的几个关键实验有严

---

* 这里借神风敢死队的行为比喻精子不惜自身同归于尽来消灭对手。神风敢死队为第二次世界大战末期日军飞行员执行自杀式撞击美军战舰任务的特别战机编队。——译者注

重的缺陷[2]。他们声称，这些实验大多基于间接证据，并且无法在每次重复实验时都得到相同结果。伯克黑德及其同事在书评中更是声称，大众被"大规模地误导"了。

这件事的教训告诉我们，每当有个令人振奋的新兴科学领域出现时——就像这次在动物界中发现精子竞争，我们务必特别谨慎地设计实验以获得有意义的结果，而不是一味追寻宏大却难以证明的推断性结论。尽管这次事件遭受打压，但从 20 世纪 70 年代帕克（G. Parker）等先驱首度登场以来，精子竞争就成了演化生物学上的一个热门新领域。

我们已经在这本书中认识到，化石有时候能够告诉我们：灭绝生物类群的生殖器官是怎样的形状和构造，而当代生殖生物学其实是聚焦于细胞层级。令人遗憾的是，这类细胞信息不太可能在今后的化石发掘中被发现，因为即便在非常特殊的化石埋藏中，要找到如此完好保存的细节都不啻天方夜谭。所以与其讨论化石，我打算不如在此给出一个简要的概述，意图讨论生殖适应的演化，究竟在多大程度上会受到我们祖先内部解剖学和生理阶段的塑造。

达尔文在他对演化的研究中可能就已发现了性选择的重要性，但他却错误地以为，雌性主要是被动的角色。事实上，精子竞争是普遍存在的，这才让性选择在交配之后还能够广泛影响物种的存续。其作用范围所及，从蜗牛到巨型鱿鱼甚至哺乳动物皆然。我们对于交配之后生物体内斗争的认识，有许多开创性突破。这场斗争源于不同雄性的精子时常要争相让雌性的卵子受精，但这绝不仅是比拼哪个精子更快更猛，有时还要比拼谁能熬得最久，或者雌性的生殖道又演化出什么解剖学上的花样，以阻止某些精子直达卵子。

　　时间回到 1979 年，布朗大学的瓦格（J. Waage）有一份对豆娘的研究[3]，这是史上第一次有生物学家提出，一个生物的阴茎状结构除了传输精子之外，还可以移除精子。这个结构有许多细长的硬毛，可以把前次交配遗留下的精子刮掉。沙蟹和蜘蛛蟹也会做同样的事情，但它们的做法更狡猾。在第一次交配时，雄性会传输精液给雌性，但里面不包含精子。这种精液就像硬化树脂一样，会先将其他前任的精子推到后面待着，并形成一个栓塞牢固地阻塞着，然后在下一次交配时，雄性才向雌性提供新鲜的精子。这样一来，这批精子就会是准备与卵子结合的整个精子池中最顶尖且最蓄势待发的精子了。

　　雌性黑腹果蝇（*Drosophila melanogaster*）会和许多伴侣交配，但只会采用最后一位雄性的精子，这被称为"次位雄性精子优先"。1999 年，芝加哥大学的普赖斯（C. Price）和她的同事已经可以通过果蝇杂交让精子尾巴发出特定的绿色荧光，还可以通过眼睛颜色来判定亲子关系。凭借这些，她们可以鉴别来自某些雄性的精子，并在交配后标记精子或计算其数量[4]。这无疑是桩细活儿，不过好在这些果蝇都有非常大的精子，稍许减轻了她们的工作负担。实际上，某些果蝇如二裂果蝇（*Drosophila bifurcata*）*，一个精子甚至能到 58 毫米，可它们成体的长度仅约 1.5 毫米，是精子的 1/20。这些果蝇的精子在被传输给雌性时，尾巴会紧紧缠绕在一起，但即便如此它们仍旧很巨大，大到我们光用肉眼就能看见一个个小的白斑点。

　　普赖斯和她的团队通过实验发现，雄性精子会破坏并取代先前

---

　　* 此处应为作者笔误，二裂果蝇的学名拼写为 *Drosophila bifurca*。——译者注

交配留下的精子库。雌性果蝇体内有 3 个储存精子的空间，这其中会有来自许多不同雄性伴侣的精子混合在一起。而研究表明，后到雄性的精子能够在不移除前任精子的情况下，抑制其功能（术语上叫做"失能"）。关于这种"次位雄性优先"究竟有多大作用，我们可以通过卵子受精前后的精子数量，以及亲子的基因吻合度，来获得所需的数据以进行判断。结果显示，新鲜的精子有个与生俱来的功能：它能移除雌性存放精子处的陈旧精子，或是令其失能。这类研究非常有价值，能展现生物体内精子取代和竞争的实际机制，并让我们了解，这些生物体的遗传特性在多大程度上会受交配行为以及交配后精子竞争的影响。

长久以来，我们都认为更长和更快的精子比起慢悠悠的精子在演化赌局中更具优势，尤其在外部环境中更是如此——例如将开放水域作为产卵地的鱼群。有一份对 29 种坦噶尼喀湖（Lake Tanganyika）* 慈鲷[5]的研究，就在检验这个想法。上述慈鲷是快速演化分化事件（指有许多新物种在相对较短时间内从祖先类群演化出来）的成员。该项研究是由西澳大利亚大学的研究人员进行的。他们发现，精子长度和游泳速度呈正相关，且雌性交配行为的增加，与选择出更快和更具活力的精子存在相关性。

人们一千多年前就知道，雌鸡会储藏精子，并在与雄鸡交配后的数月中释放，但是在 1875 年之前，没人知道它们是怎么做到的。这个重大突破要归功于丹麦科学家陶伯（P. Tabuer），他在那年发现，鸡的子宫交接处有个小囊袋可以储存精子，并在卵子需要受精时释放[6]。他在鸡

---

* 位于非洲中部的淡水湖，是世界第二古老的湖。——译者注

繁殖的博士学位研究工作上花了 25 年，不幸的是他与导师有严重意见分歧，这让他的论文注定无法通过。人们很少注意到他对这个发现的贡献，大多将此归功于南非的生物学家德里梅伦（C. van Drimmelen）及其在 1946 年发表的作品。

有关精子竞争的关键研究，大多是针对鸟类的。这不难理解，因为鸟类较容易观察，而且妊娠期也较短，故而我们还能对其子代进行研究和基因检测。鸟类会使用诸多丰富的窍门，来确保自己的精子占据优势。许多鸟类是一妻多夫制（即雌鸟有许多雄性伴侣）或者会随着季节结合一夫一妻制及一妻多夫制。在这些种类中，如果有雄鸟守护着生育伴侣，则交配就比较少；但当雄性没有在周围照顾伴侣时，雌性的交配频率就会上升。

篱雀（*Prunella modularis*）是一种北美洲的小型鸟类，它们多为一妻多夫制，雌鸟每下一窝蛋要和两位雄性伴侣交配超过 250 次；而其他一夫一妻制的篱雀产每窝蛋仅交配 50 次左右。不管哪种模式，它们交配前的行为都包含雄性啄雌性胀红的泄殖腔，以此鼓励雌性排出前次交配的精液，其后雄性才会与之交合。这接下来发生的事情，可能是最快的交配纪录之一：雄性篱雀能在仅仅 1/10 秒内完成性交，并释放精子。

原先科学家们以为，鸟类的性行为是由雄性主导，但现在看来，雌性才是决定交配时机的关键，因为她们可以借此提高即将为自己卵子受精的精子质量。最近有一项令人兴奋的研究来自悉尼的麦考瑞大学（Macquarie University），他们在研究澳大利亚当地七彩的胡锦鸟（*Erythrura gouldiae*）[7] 时发现："雌性的胡锦鸟似乎会特别锁定那些和自己基因兼容的雄性。"这种鸟的雌性普遍行一夫一妻制。当在实验笼里和其他雄性相处时，她们会趁机"偷腥"，但这仅仅发生在与另外那只雄性可以结合出更优良的可存活后代时。事后对雏鸟 DNA 的检测分析也表明，即便已经回到了一夫一妻制的生活，甚至和原配再次交配后，雌性依旧会不成比例地大量释放第二位雄性的精子给卵子受精。许多有关鸟类精子竞争复杂行为的案例，都出自伯克黑德的著作，以及和默勒（A. P. Møller）共同编纂的《性选择与精子竞争》（*Sexual Selection and Sperm Competition*，1998）。

关于哺乳动物精子竞争[8]的最佳诠释，大概是北美洲的地松鼠（恰如其学名 *Spermophilus*，那指的是"精子爱好者"）。这些毛茸茸的小型哺乳动物，有着可爱的尾巴和可怕的阴茎。阴茎上装备着刺刀式的突起，与我们先前讨论的南美洲啮齿动物刺豚鼠非常相像。而且这种阴茎也是用于切穿或移除前次交配留下的交配栓。鼠科成员（包含大鼠和小鼠）也会使用这种方法来进行精子竞争，有些种类甚至会更进一步制造出双重栓塞。在美国西南部的莫哈韦（Mojave）及索诺兰（Sonoran）沙漠有一种沙漠更格卢鼠（*Dipodomys desertus*）*[9]，它们的雌性可以通过混合其阴道分泌物和脱落的上皮细胞，形成第二层栓塞。这层栓塞再加上交配后的雄性交配栓，可以让雌性更好地掌控与自己卵子受精的精子品质。另外像北美草原田鼠（*Microtus pennsylvanicus*）[10]，如果嗅到附近有其他雄性的话，就会在每次交配时产生更多数量的精子。除此以外，还有许多案例显示，哺乳动物会使用各种巧妙方法来进行精子竞争。

那么我们灵长类动物又是怎样进行精子竞争的呢？我们先前已

---

* 此处应为作者笔误，正确学名为 *Dipodomys deserti*。——译者注

经讨论过，大猩猩、人类和黑猩猩有着不同尺寸的生殖器，并产生不同量的精子来对应各自的交配模式。黑猩猩有着灵长类动物中最大的睾丸，这是因为它们活在比较淫乱的群体中，因此雄性在每次交配时需要更多的精子来胜过最后一位和雌性交配的雄性的精子。另一方面，大猩猩和人类有着较小的睾丸及更小的射精量，因为它们在每次发情期间大多只和一位雌性交配。一份有关精子形态学的研究报告甚至表明，在有多个性伴侣的灵长类中，其精子鞭毛（或称"尾巴"）的中段部分会明显加厚，以实现更大的负荷及精子活动[11]。这个证据表明，即便是精子，也都会在性选择的结果下演化，并改变自身的生理形态。

贝克 1997 年有关精子战争的作品虽然备受争议，但他和贝利斯（M. Bellis）还是发表了一些具有启发性的观点[12]。在 1993 年的一篇经典论文中，他们提出女性之所以演化出性高潮，是为了"汲取"更多精液进入子宫颈，借此增加成功受精的概率。他们观察到在外遇时，女性会改变性高潮模式。这会有利于"额外配对"（即非原配的伴侣）的男性精子，可能提高外遇时的受孕率赢过长期伴侣或是原配。这还真是个备受争议的想法！

为了检验贝克和贝利斯的构想及其他相关行为，纽约州立大学的盖洛普（G. Gallup）博士和他的同事抽样调查了 652 名大学生[13]。他们在 2006 年的论文研究表明，女性"脚踏两只船"的发生率（包含了实验组中 1/4 的女性）已经足以在统计学上显示，精子取代确实对男性的演化适应是个有效指标。他们还着手设计实验来检验相关假说，该假说认为人类阴茎已经演化出可以让男性用他们精子去移除竞争对手精子的结构。实验包括使用不同形状的人工阴茎插入各种乳胶阴道中，以此来科学地检验人类男性演化出不同凡响的发达龟头，是否可用于移除前次性交中留下的精子。研究结果显示，在特定形状和尺寸的配合下，男性阴茎确实可以在一定程度上收到此效果。

其他关于人类精子竞争的研究，还有一项针对大学及周边小区305位男性的调查。研究目的是要证明：当人类男性有更高风险被戴绿帽子时，他们会采取更高强度的配偶挽留策略[14]——例如隐瞒信息，不将竞争对手介绍给他们伴侣，或是企图用珠宝等礼物来巩固双方关系。在这样的实验方法下，精子竞争的可能性是通过一系列问题来确定的，这些问题能够帮助研究人员确认：男性如何评价自己女性伴侣的身体魅力和人格特质。而实验也证明该事实是成立的，即在许多案例中，当男性处于竞争弱势时，他们会更努力地让自己伴侣远离男性竞争对手。

最后，还有一项来自西澳大利亚大学某个团队的研究，意图驳斥精子竞争对人类是个重要选择压力的说法[15]。他们招募了222名男性和194名女性来完成一项性行为的调查，并在调查中发现，28%的男性和22%的女性有另外的性伴侣*。他们的研究最终发现，没有任何材料支持先前报道中声称的，有多个性伴侣的男性会比一夫一妻的男性睾丸更大些。更重要的是他们得出结论：在现今西方社会中，一对普通夫妻有着"隔壁老王"孩子的风险仅为2%。和我们灵长类的亲戚相比，人类精子竞争的风险相对较低。因此，虽然不断有研究声称人类精子竞争的机制确实存在，但实际上这种竞争在人类社会中更多是行为上的（例如我们如何应对自己伴侣），而非直接作用在生理上（例如

---

* 这里具体的调查数据是与社会及时代背景有关的。——译者注

阴茎的形状）。

　　从所有这些近期研究中可以明显地看到，精子战争在我们的演化上经历了许多变化。从古代鱼类的雄性生殖器这个简陋的开端，到通过交配行为甚至是雌性体内的生理管道直接调控精子。但那些古代鱼类和我们之间是否真的有关联呢？我们能否找到深埋于人体内的那些源自身披铠甲的原始鱼类之遗留构造呢？

第 15 章

从鳍脚到阴茎：我们走过了漫长的旅程

要让我颁奖给有史以来的最佳奇思妙想，我会颁给达尔文，名列牛顿、爱因斯坦等所有人之前。自然选择的想法有如当头棒喝，统一了生命、时空的意义及目的、因果、机制和物理法则。

——丹尼特（D. Dennett）《达尔文的危险思想：
演化及生命的意义》[1]

在沃森（P. Watson）《无比的美丽》（*A Terrible Beauty*）[2]一书中，介绍了 20 世纪所有伟大的想法。在书的结尾处他盛赞演化论是最重要的思想——它改变了我们人类对自己的看法。演化论重新定义了人类，认为人类不过是从庞大且不间断的 DNA 链中演化出来的一个物种。此链起于将近 40 亿年前第一个微生物，延续至今，发展出高度多样性且美丽的生物。在过去 5 亿多年里，我们的人体构造从第一条鱼类出现以来，就缓慢地获取着许多解剖学上的新奇结构。一系列过程都由化石得以见证，并冻结在时间之中。这对我们自身是个真实且谦逊的启示，而保留在我们体内的遗产，也展现了我们和第一条身披铠甲的鱼类以及它们那种非凡的交配方式，有着紧密的联结。

　　如今我们若是想在自身演化史上有新的发现，可以做两件事。第一，走进野外发掘化石，这些化石会揭示一些新信息，告诉我们这些原始模式的骨头可能是如何过渡到其他阶段的。提克塔利克鱼（*Tiktaalik*）或艾登堡鱼母（*Materpiscis*）的化石就是很好的例子。这些物种揭开了有关我们远古演化之重要新信息。第二个方法则是去检验尘封于我们染色体中基因的遥远历史。DNA 是组成基因的微小片段，而我们的 DNA 就像是通往过去演化发育史的一个宝库。这个科学领域被称为"演化发育生物学"，或是像我们的爱好者所简称的"演化发生学"（*evo-devo*）。演化发生学包含对动物发育的探究，这些研究透过分析动物的胚胎阶段，试图找出某些基因在整个阶段上所扮演之角色。

　　现今演化生物学上真正重大的突破是发现了同源异型基因（或者简称为 *Hox*），这种基因决定了身体构造组成的顺序和组织过程，简单来说，就是有关我们身体该如何发育的工具包与蓝图。每当卵子受精且细胞开始分化之后，它们就上工了。

　　科学上对人类有重大意义的突破，一般都会受到诺贝尔奖的肯定。1995 年的生理学或医学奖就颁给了刘易斯（E. B. Lewis）、福尔哈德（C. N-Volhard）以及威绍斯（E. F. Wieschaus）教授，"由于他们发现了有关早期胚胎发育的调控基因"，也就是 *Hox* 基因[3]。20 世纪 70 年代起，科学家就认为有些基因对胚胎发育中建立序列会起到一定作用，而他们就在探寻这组捉摸不定的组织基因。他们调整诱发果蝇突变的化学物质，来观察特定基因对果蝇胚胎发育之影响。这个团队大约在 1980 年确定了决定果蝇身体构成的主要基因，将其称为同源异型基因，或是 Hox 基因。刘易斯确定了 Hox 基因沿着染色体的排列，跟其所对应的身体部位顺序是相同的。不过最让人难以置信的是，他们发现在果蝇中找到的多数基因竟然在其他动物中也存在，而且在身体发育的相同部位扮演着类似角色，无论在海胆、青蛙、老鼠或人类中皆然。此一发现漂亮地诠释了所有生物体均有着共同的演化祖先。

但是这一切又如何证明我们与盾皮鱼类息息相关呢？这要让我们回到 1993 年，哈佛大学的塔宾（C. Tabin）发现有段他称为"刺猬*"的 Hox 基因和我们四肢的发育有关。其后他发现鸡的刺猬基因有着稍微不同的变异，于是以计算机游戏将这段基因命名为"音猬因子**"[4]。音猬因子缩写为"shh"，在脊椎动物的四肢发育中扮演了重要角色，尤其像我们的手指。在他们确认由蛙到人等所有动物手指（趾）中的 shh 以后，另一个由舒宾教授所带领的团队，也在鱼类（明显没有手指的类群）中追踪到同样的基因。达恩（R. Dahn）博士和舒宾还确认，在鲨鱼和硬骨鱼中找到了这组基因。总括起来，他们发现即便 shh 是管指（趾）头发育的，这也不代表它和发育整个附肢没有关系。

2007 年，达恩团队在《自然》杂志上发表了一篇有趣的论文。他们宣称将老鼠含有 shh 的肉芽，转植到发育中的鳐鱼鳍上之后，这组基因展现了和老鼠完全相同的发育模式——鳐鱼鳍的骨骼形成发生突变，

---

* 该基因突变的话会导致果蝇幼虫短小且多毛，外形似刺猬，因而得名。——译者注
** sonic hedgehog，指虚拟电玩角色音速刺猬"索尼克"。——译者注

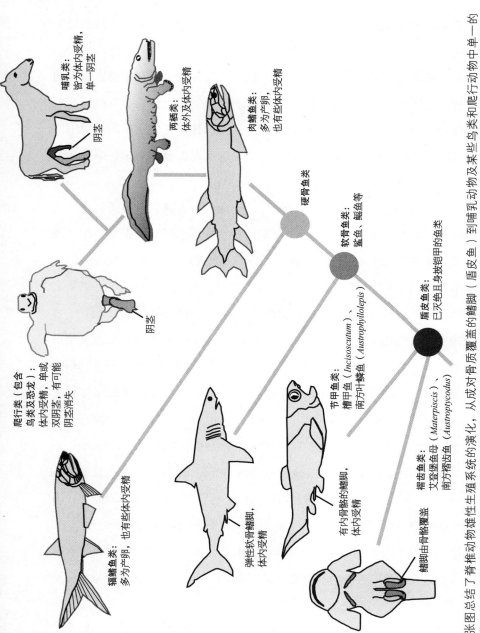

哺乳类：
皆为体内受精，
单一阴茎

阴茎

两栖类：
体外及体内受精

肉鳍鱼类：
多为产卵，
也有些体内受精

硬骨鱼类

软骨鱼类：
鲨鱼、鳐鱼等

盾皮鱼类：
已灭绝且身披铠甲的鱼类

爬行类（包含）：
鸟类及恐龙：
体内受精，单或
双阴茎，有可能
阴茎消失

阴茎

节甲鱼类（Incisoscutum）、
槽甲鱼、
南方叶鳞鱼（Austrophyllolepis）

辐鳍鱼类：
多为产卵，也有些体内受精

弹性软骨鳍脚，
体内受精

有内骨骼的鳍脚，
体内受精

褶齿鱼类：
艾登堡鱼母（Materpiscis）、
南方褶齿鱼
（Austroptycodus）

鳍脚由骨骼覆盖

这张图总结了脊椎动物雄性生殖系统的演化，从成对骨质覆盖的鳍脚（盾皮鱼）到哺乳动物及某些鸟类和爬行动物中单一的阴茎。在整个演化过程中，阴茎有时常在许多支系中视情况所需而消失或再度雄起。在鲨鱼或远古盾皮鱼中操控鳍脚的 Hox 基因，似乎也在调控着我们人类的这一部分。

发育出的新鳍杆有着不同的形状，在鳐鱼的胸鳍上长出复杂且接近手的结构。

借助这些和其他的演化发育生物学实验，我们现在知道，所有的附肢无论是四肢还是鳍，都要经过 shh 来发育。鉴于 shh 在鲨鱼及鳐鱼等现存所有最古老的有颌鱼类中也有发现，这组基因能回溯到我们四肢刚形成时的演化之初，其蓝图早已深埋在远古鱼类尚未崭露头角发挥其全部潜能的 DNA 当中。

演化发生学和化石的结合研究，已经颠覆了我们对鱼类到第一个陆栖动物之演化过渡的认知。早期四足动物几乎对称的手指和脚趾模式［有别于后来有 5 根指（趾）头的四足动物，每根指（趾）头的大小都不同］可以很好地用 Hox 基因来解释，因此发育特定骨骼之特定基因，其最早被激活的时间点可以和实际的化石数据相对比。

而演化发生学也是个增长着的领域，它展示了某些知识如泥盆纪鱼类的解剖学等，虽然还有模糊不清之处，但已能在再生医疗的发育学研究计划中占据一席之地，并在未来带给我们极大的帮助。布瓦韦尔博士研究泥盆纪鱼类——潘氏鱼（Panderichthys）的鱼鳍[5]，作为她在乌普萨拉大学的博士学位课题，而她现在已是莫纳什大学新设的澳大利亚再生医学研究中心（Australian Regenerative Medicine Institute）[6]之领军人物。她针对鲨鱼的胚胎发育和基因活性进行调研。布瓦韦尔对这些鱼类胚胎发育的研究显示，当一个基因最初在某个演化的驱使下被激活时，可能有助于未来的研究人员直接开发出新的附肢、肌肉甚至脊柱组织。这类研究对我们未来的治疗带来很大希望：可以通过基因再生来治疗组织损伤或者器官衰败。

其他在附肢发育中扮演重要角色的基因，还有 Hoxd 系列基因，

特别是 *Hoxd*9 到 *Hoxd*13。2007 年，佛罗里达大学的弗雷塔斯（R. Freitas）及其同事有一篇研究鲨鱼鳍的指标性论文[7]。该文声称附肢的发育始于 *Hoxd*13 的激活，它启动了建造肩膀附近到鱼鳍中段附肢的机制，也就是相当于我们前肢的上臂。然后，令人意外的第二阶段的活动就开始了（称为双相活动），*Hoxd*12 和 *Hoxd*13 基因会沿着鲨鱼鳍的远端或外端重新表达。他们认为，这一系列的激活，就像挖掘化石一样给了我们一条新的演化线索，这是鲨鱼、硬骨鱼以及所有其后动物早期附肢发育的一个全新模式。阅读这篇文章时，美丽的彩色照片令我眼前一亮，那上面有小巧的鲨鱼胚胎，以及它们由染色标定的鳍脚显示出激活的基因。图中的 *Hoxd*12 基因在鳍脚形成阶段似乎是激活的，而 *Hoxd*13 则更为重要，它同时激活了鳍脚的远端和泄殖腔的泌尿生殖区。

所有这一切到底和人类有什么关系？一项 2004 年由科恩（M. Cohn）发表的老鼠发育生物学研究显示，生殖结节（生殖器官发育前的肉芽）和四肢的激活，都受到 *Hoxd*13 的刺激（参见图版第 8 页彩图 24）。他总结道："四肢和外生殖器有许多相近的形态发生阶段，并且……肢芽和生殖结节的发育，可能都受到相同分子机制的操纵。"[8]

这对我而言是个启示，这也是现代发育生物学试图将我研究的盾皮鱼鳍脚起源直接和哺乳动物阴茎连接起来的第一个证据。虽然产生生殖器的实际物质在脊椎动物演化中可能有所不同，但发育它们的基因似乎是相同的，而且可以一直回溯到附肢的起源。这就像用砖块、木头或稻草盖房子一样：只要蓝图相同，就算使用的材料不同，也能建造出相同模样的构造。盾皮鱼和鲨鱼的鳍脚都是由发育中腰带的一部分所产生，而在机缘凑巧的某一天，变成了人类的双脚。

所以，最初的原始有颌鱼类，其生殖构造才是成对的，它们是腿或后肢骨骼的一部分。在成对的鱼鳍转变为双腿之后，鳍脚就消失了，但取而代之的是其他成对的生殖构造从泌尿生殖带伸出，例如蜥蜴和蛇的半阴茎。在随后的演化辐射中，成对的器官变得冗余，因为要"办好事"其实只需要一根雄性器官，从而单一的阴茎出现了，这也可以说是高等脊椎动物最具优势的雄性生殖器官。

当然，在脊椎动物的演化中也曾多次丢失阴茎，例如在原始的爬行动物（喙头蜥）以及多数的飞鸟（雀形类）中，都是发生在某些特定情况下，或者其他替代的生殖策略被演化出来之时。就像四肢在脊椎动物演化上也各自消失过许多次（蛇蜥、蚓蜥和蛇的腿消失，就是各别演化的结果）。甚至有时，在同一属的许多种类中都会发生许多次［如澳大利亚的线蜥（*Lerista*）[9]］。因此，阴茎在脊椎动物的演化支系上消失，确实也没什么大不了的。

我们人类有时会用"敞开条腿"来暗指性行为，但对盾皮鱼来说却是要"插入条腿"。我们哺乳动物谦逊的阴茎，看起来并不像经历过漫长的演化史，但它确实和整个谱系有着千丝万缕的联系，甚至能追溯到最初所有脊椎动物刚演化出手足的时代。

因此，下次当你和特别的那一位做爱，并享受着我们生理器官所带来的欢愉之时，不妨向这些身披铠甲的盾皮鱼祖先以及它们所留给我们的一切致以小小的欢呼。由于一些生物多舛的命运，我们才在古老的演化史中保留下最有趣的生殖结构，否则我们会像其他支系的动物那样，就算没有这些器官也"做"得挺好。

结语：生物学最大的谜团

　　我的有关脊椎动物性起源和化石秘密的故事，至此就落下帷幕，但我们的研究仍在继续着。在戈戈和其他化石点，每一次前去考察，都会在这些尘土飞扬的牧场里仔仔细细地搜寻一遍。每一次搜寻中都尝试找到更加振奋人心的化石。希望终有一日能够发现一些真正令人惊叹的化石，或者证实先前的理论，或者质疑曾经的结论，甚至引领我们的思想走上一条前所未有的探究之路。这就是科学的运作方式：它无关谁对谁错，只探寻真理，以及考量我们如何最佳地确定新发现的价值，借此来理解演化的鸿章。

　　在搜寻这本书的背景材料时，我同以往一样一心二用，一度沿着历史背景的线索去展开我们对性的理解。我读到了有些令人惊羡的故事，比如列文虎克（A. V. Leeuwenhoek），他偶然造出了第一台精度可以看到精子的显微镜，然后在1677年发现了精子。我也读到了著名丹麦科学家斯泰诺（N. Steno, 1638—1686）*的事迹。他研究化石，并且发现了地层叠覆律，即新地层盖在老地层之上。他也在解剖巨型鲨鱼的时候发现了卵巢。我搜寻得越多，就会发现越来越多的趣事——但要是把那些东西写出来的话，就是完全另外的一本书了。

欲知何为性爱，就要理解如何受精。尽管如今我们清楚地知道，精子必须使卵子受精才能开始创造新生命的生物过程。但在知晓之前，从古希腊时代起，尽管人们已经知道男女结合有时会带来一个新生儿，但此种情况如何发生却完全是个谜。有些人会像古希腊人一样，认为"女性的精液"形成了胎儿**，而男性的精液只能提供营养。这种观念存在有上千年之久。

托玛斯·阿奎那（T. Aquinas）博士[1]——13世纪时一位杰出的作家和哲学家，认为精液里的泡沫是活动的力量；精液有一种特殊的热量，它不是来自人的灵魂，而是来自天体的作用。实际上在整个中世纪，有关生物思想的争论在精子主义者和卵巢主义者之间一直持续着：一些人认为所有人类都是在每个男性精子中形成，并被包裹在一起；而另一些人则认为卵子内有未发育的胚胎，是神圣而不可侵犯的，男性不过提供滋养卵子的液体。

在18世纪后期还进行过别出心裁的实验，试图确定雄性和雌性精液确切的作用。著名的意大利男修道院院长斯帕兰扎尼（L. Spallanzani）做了2条塔夫绸小裤子，他把裤子绑在青蛙身上，然后观察它们交配。不出我们所料，他发现穿着他特制裤子的青蛙，不能给雌性的卵子受精。接着他从青蛙的裤子里取出精子，将其涂

---

* 地质学教材上都叫斯坦诺。——译者注
** 中国古时传统观念则是以"父精母血"诞育后代。——译者注

在卵子上，发现这些卵子可以发育成蝌蚪。他也是第一位给狗人工授精的科学家。他的工作证明，雄性的精液是受精中不可或缺的一部分。他做了一辈子严格的实验工作，也有许多开创性的发现，但在他的总结里却认为那些微生物（这是他对于"精子"的称呼）与受精没有任何关系。

如果被问到生物学中最大的谜团是什么，很多人给出的答案会是演化，然而并非如此。达尔文在 1859 年出版了一本支持他进化论的书，大约在此 17 年前，关于动物和人类受精这个悬置两千年的谜团，终于得到了解决。

不久以前，我根据我们的化石发现，在美国各地的博物馆、学院和大学里给一群博学的听众开了有关性起源的讲座。每次在结束时我都会提出一个问题：哪位伟大的科学家最先发现受精的奥秘？在这群受过良好教育的人里面，没有一个人给出正确答案。在我看来，从古希腊人到现代的研究人员，开发了诸如体外受精之类事物，关于性还有太多太多引人入胜的故事等待着被讲述。看来，我进入性爱世界的意外之旅尚远未结束。

顺便说一句，那位发现受精是如何真正有效的伟大天才是赫特维希（O. Hertwig, 1849—1922 年）[2]，他是柏林大学生物学教授。

参考阅读

前言：性、死亡与演化

［1］ Vaitl, D., Birbaumer, N., Gruzelier, J., Jamieson, G.A., Kotchoubey, B., Küber, A., Lehmann, D., Miltner, W.H.R., Ott, U., Pütz, P., Sammer, G., Strauch, I., Strehl, U., Wackerman, J., and Weiss, T. (2005) "Psychobiology of altered states of consciousness", *Psychological Bulletin*, 131: 98–127.

［2］ Wikipedia http://en.wikipedia.org/wiki/Sada_Abe.

［3］ Darwin, C. (1871) *The descent of man*, various editions.

［4］ en.wikipedia.org/wiki/Biodiversity#cite_ note-54.

［5］ Long, J.A. (2010) *The Rise of Fishes: 500 million years of evolution*, Johns Hopkins University Press, Baltimore, UNSW Press, Sydney.

［6］ Huff, C.D., Xing, J., Rogers, A.R., Witherspoon, D. & Jorde, L.B. (2010) "Mobile elements reveal small population size in the ancient ancestors of *Homo sapiens*", *Proceedings of the National Academy of Sciences* 107: 2147–2152.

［7］ 关于 DNA 的简单解释请见 http://en.wikipedia.org/wiki/DNA。

［8］ 关于 DNA 的解释请见 Long, J.A. (2010) *The Rise of Fishes: 500 million years of evolution*, Johns Hopkins University Press, Baltimore, UNSW Press,

Sydney。

［ 9 ］ Diamond, J. (1997) *Why is Sex Fun?: The evolution of human sexuality*, Basic Books, New York.

［10］ Windybank, S. (1991) *Wild Sex: Way beyond the birds and the bees*, Reed Books, Australia, St Martin's Press, New York.

第 1 章　阿根廷湖鸭的大男子主义

［ 1 ］ McCracken, K.G. et al (2001) "Are ducks impressed by drake's display?", *Nature* 413: 128.

［ 2 ］ www.abs-cbnnews.com/lifestyle/11/18/09/how-long-blue-whales-penis-0.

［ 3 ］ Dickinson, R.L. (1940) *The Sex Life of the Unmarried Adult*, Vanguard Press, New York; http://robertdickinson. blogspot.com/.

［ 4 ］ Short, R. (1979) "Sexual selection and its component parts, somatic and genital selection as illustrated by man and the great apes", *Advances in the Study of Behavior* 9: 131–158.

［ 5 ］ Brennan, P., Clark, C. and Prum, R., "Explosive eversion and functional morphology of the duck penis supports sexual conflict in waterfowl", *Proceedings of the Royal Society of London B*, 277 (1686): 1309–1314.

［ 6 ］ Long, J.A. (2006) *Swimming in Stone: The amazing Gogo fossils of the Kimberley*, Fremantle Arts Centre Press, Perth.

［ 7 ］ Long, J.A. (1988) "Late Devonian fishes of the Gogo Formation, Western Australia", *National Geographic Research and Exploration* 4: 436–450.

［ 8 ］ *500 million years of evolution*, Johns Hopkins University Press, Baltimore, UNSW Press, Sydney.

［ 9 ］ Miles, R.S. & Young, G.C. (1977) "Placoderm interrelationships reconsidered in the light of new ptyctodontids from Gogo, Western Australia", in Andrews, S.M., Miles, R.S. and Walker, A.D. (eds), *Problems in Vertebrate Evolution*, Linnean Symposium Series 4: 123–198

［10］ Long, J.A. (2010) *The Rise of Fishes: 500 million years of evolution*, Johns Hopkins University Press, Baltimore, UNSW Press, Sydney.

［11］ Toombs, H.A. (1948) "The use of acetic acid in the development of vertebrate fossils", *Museums Journal* 48: 54–55.

［12］ Long, J.A. (1997) "Ptyctodontid fishes from the Late Devonian Gogo

Formation, Western Australia, with a revision of the European genus *Ctenurella* Ørvig 1960", *Geodiversitas* (Paris Museum of Natural History) 19: 515–556. 也参见 Long (2010) for information about placoderms, palaeoniscids and other Devonian fishes。

第 2 章　化石之母

[1] Toombs, H.A. (1948) "The use of acetic acid in the development of vertebrate fossils", *Museums Journal*, 48: 54–55.

[2] Long, J.A. (2006) *Swimming in Stone: The amazing Gogo fossils of the Kimberley*, Fremantle Arts Centre Press, Perth.

[3] Young, G.C. (2010) "Placoderms (armored fish): Dominant vertebrates of the Devonian Period", *Annual Reviews in Earth and Planetary Sciences* 38: 523–550; Brazeau, M. (2009) "The braincase and jaws of a Devonian 'acanthodian' and modern gnathostome origins", *Nature* 457: 305–308; Goujet, D. and Young, G.C. (2004) "Placoderm interrelationships", in *Recent Advances in the Origin and Early Radiation of Vertebrates* (eds Arratia, G., Wilson, M. and Cloutier, R.), Dr Freiderich Pfeil, Munich, 2004: 109–126.

[4] Lund, R. (1980) "Viviparity and intrauterine feeding in a new holocephalan fish from the Lower Carboniferous of Montana", *Science*, 209: 697–699.

[5] Miles, R.S. (1967) "Observations on the ptyctodont fish, *Rhamphodopsis* Watson", *Zoological Journal of the Linnean Society* 47: 99–120.

第 3 章　褶齿鱼式社交

[1] Pratt, H.L. Jr, in *Great White Sharks: the biology of* Carcharodon carcharias (eds Klimley, A.P. and Ainley, D.G.), Academic Press Inc.

[2] Chapman, D.D., Corcoran, M.J., Harvey, G.M., Malan, S., and Shivji, M.S., (2003) "Mating behavior of southern stingrays, *Dasyatis americana (Dasyatidae)*", *Environmental Biology of Fishes* 68: 241–245; Chapman, D.D., Prodohl, P.A., Gelsleichter, J., Manire, C.A., and Shivji, M.S., (2004) "Predominance of genetic monogamy by females in a hammerhead shark, *Sphyrna tiburo*: Implications for shark conservation", *Molecular Ecology* 13: 1965–1974; Tricas, T.C. and Le Feuve, E.M. (1985) "Mating in the reef white-tipped shark *Triaenodon obsesus*", *Marine Biology*, 84, 233–237.

[3] Watson, D.M.S. (1934) "The interpretation of arthrodires", *Proceedings of the Zoological Society of London*, 3: 437–464; Watson, D.M.S. (1938) "On *Rhamphodopsis*, a ptyctodontid from the Middle Old Red Sandstone of Scotland*", Transactions of the Royal Society of Edinburgh* 59: 397–410.

[4] Miles, R.S. (1967) "Observations on the ptyctodont fish, *Rhamphodopsis* Watson", *Zoological Journal of the Linnean Society* 47: 99–120.

[5] Miles, R.S. and Young, G.C. (1977) "Placoderm interrelationships reconsidered in the light of new ptyctodontids from Gogo, Western Australia", in Andrews, S.M., Miles, R.S. and Walker, A.D. (eds), *Problems in Vertebrate Evolution*, Linnean Symposium Series 4: 123–198.

第 4 章　向女王宣布发现远古之爱

[1] Mooney, C. and Kirshenbaum, S. (2009) *Unscientific America: How scientific literacy threatens our future*, Basic Books, New York.

[2] www.mayfair.org.uk/ blog/tag/royal-institution; www.talktalk.co.uk/news/ daily/ photos/galleries/view/daily/20080528/browse/6.

[3] news.nationalgeographic.com/news/2008/05/080528-mother-fossil.html; www.telegraph.co.uk/science/science-news/3343083/Fish-fossil-is-oldest-to-have-fun-sex.html.

[4] Long, J.A. (2008) "Mother fossil", *Australasian Science* 29 (6): 16–18.

[5] discovermagazine.com/2009/jan/092.

[6] *The Guinness Book of World Records 2010*, Guinness World Records, London, p. 54.

[7] Long, J.A. (2011) "Dawn of the deed", *Scientific American* January 2011: 34–39.

第 5 章　古生代的生父之谜

[1] Dennis-Bryan, K. and Miles, R. (1981) "A pachyosteomorpharthrodire from Gogo, Western Australia", *Zoological Journal of the Linnean Society* 73: 2 13–58.

[2] Ørvig, T. (1960) "New finds of acanthodians, arthrodires, crossopterygians, ganoids and dipnoans in the upper Middle Devonian Calcareous Flags (Oberer Plattenkalk) of the Bergisch-Paffrath Trough (Part 1)", *Palaeontologische Zeitschrift* 34, pp. 295–335.

［ 3 ］ Long, J.A., Anderson, E., Gess, R. and Hiller, N. (1997) "New placoderm fishes from the Upper Devonian of South Africa", *Journal of Vertebrate Palaeontology* 17: 253–268.

［ 4 ］ Long, J.A. (1984) "New phyllolepids from Victoria and the relationships of the group", *Proceedings of the Linnean Society of New South Wales*, 107: 263–308.

［ 5 ］ Long J.A., Trinajstic, K. and Johanson Z. (2009) "Devonian arthrodire embryos and the origin of internal ferilsation in vertebrates", *Nature* 457: 1124–1127; Ahlberg, P.E. (1989) "Fossil fi shes from Gogo", *Nature* 337: 511–512.

第 6 章　找到鱼爸爸

［ 1 ］ Leigh-Sharpe, W.H. (1920) "The comparative morphology of the secondary sexual characters of elasmobranch fishes. Memoir I", *Journal of Morphology* 34: 245–265; Leigh-Sharpe, W.H. (1921) "The comparative morphology of the secondary sexual characters of elasmobranchs fishes. Memoir II", *Journal of Morphology* 35: 359–380; Leigh-Sharpe, W.H. (1924) "The comparative morphology of the secondary sexual characters of elasmobranchs fishes. Memoirs Ⅵ and Ⅶ ", *Journal of Morphology 39:* 553–577; Leigh-Sharpe, W.H. (1926). "The comparative morphology of the secondary sexual characters of elasmobranch fishes. The claspers, clasper siphons, and clasper glands together with a dissertation on the Cowpers glands of Homo, Memoir XI", *Journal of Morphology* 26: 349–358. 有关利·夏普生平与工作请见 Damkaer, D.M. and Merrington, O.J. (2005) "William Harold Leigh-Sharpe (1881–1950): Teacher and copepodologist", *Journal of Crustacean Biology* 25(3):521–528。

Ahlberg, P.E., Trinajstic, K., Johanson, Z. and Long, J.A. (2009) "Pelvic claspers confirm chondrichthyan-like internal fertilization in arthrodires", *Nature* 460: 888–889.

［ 2 ］ Dennis-Bryan, K. (1987) "A new species of eastmanosteid arthrodire (Pisces: Placodermi) from Gogo, Western Australia", *Zoological Journal of the Linnean Society* 90: 1–64; Dennis-Bryan, K. and Miles, R. (1981) "A pachyosteomorph arthrodire from Gogo, Western Australia", *Zoological Journal of the Linnean Society* 73: 2 13–58.

［ 3 ］ 见 Tricas, T.C. and Le Feuve, E.M. (1985) "Mating in the reef white-tipped shark *Triaenodon obsesus*", *Marine Biology*, 84, 233–237; Chapman, D.D., Corcoran, M.J., Harvey, G.M., Malan, S., and Shivji, M.S., (2003) "Mating behavior of southern stingrays, *Dasyatis americana (Dasyatidae)*", *Environmental Biology of Fishes* 68: 241–245; Chapman, D.D., Prodohl, P.A., Gelsleichter, J., Manire, C.A., and Shivji, M.S., (2004) "Predominance of genetic monogamy by females in a hammerhead shark, *Sphyrna tiburo*: Implications for shark conservation", *Molecular Ecology* 13: 1965–1974。

［ 4 ］ www.sciencedaily.com/ releases/2010/08/100824184754.htm; Schmidt, J.V, Chen, C.C, Sheikh, S.I., Meekan, M.G., Norman, B.M. and Joung, S.J. (2010) "Paternity analysis in a litter of whale shark embryos", *Endangered Species Research* 12: 117–124.

［ 5 ］ MacArthur, R.H. and Wilson, E.O. (1967) *The theory of island biogeography*, Princeton University Press, New Jersey.

［ 6 ］ Carr, R. (2010) Abstract in SVP Conference, Pittsburgh, 10–13 October.

第 7 章   泥盆纪的卑下与龌龊

［ 1 ］ Bridges, Y. (1980) *Child of the Tropics*, Collins and Harvill Press, London, 1980, p. 29.

［ 2 ］ Reebs, S.G. "The sex lives of fishes", *www.howfishbehave.ca*.

［ 3 ］ Khoda, M., Tanimura, M., Kikue-Nakamura, M. and Yamagishi, S. (1995). "Sperm drinking by female catfishes: a novel method of insemination", *Environmental Biology of Fishes* 42: 1–6

［ 4 ］ Warner, R.R., Robertson, D.R. and Leigh Jr., E.G. (1975) "Sex change and sexual selection", *Science* 190, 633–638.

［ 5 ］ http://www.youtube.com/ watch?v=qkFZYIgz37Q.

第 9 章   古老性行为之黎明

［ 1 ］ Weidenbach, K. (2008) *Rock Star: The story of Reg Sprigg — an outback legend*, East Street Publications, Hindmarsh, SA.

［ 2 ］ 埃迪卡拉化石 : Glaessner, M. (1958) "New fossils from the base of the Cambrian in South Australia", *Transactions of the Royal Society of South Australia*, 81: 185–189。

［ 3 ］ Ford, T. (1958) "Precambrian fossils from Charnwood Forest", *Proceedings of the Yorkshire Geological Society*, 31: 211–217.

［ 4 ］ Fedonkin, M.A., Gehling, J.G., Grey, K., Narbonne, G.M. and Vickers-Rich, P. (2007) *The Rise of Animals: The evolution and diversification of the Kingdom Animalia,* Johns Hopkins University Press, Baltimore.

［ 5 ］ Droser, M.L. and Gehling, J.G. (2008) "Synchronous aggregate growth in an abundant new Ediacaran Tubular organism", *Science* 319: 1660–1662.

［ 6 ］ Smith, L. (2008) "Fossils shed light on the history of sex", *London Times*, 21 March, www.timesonline. co.uk/tol/news/science/article3593959.ece.

［ 7 ］ Brocks, J.J., Logan, G.A., Buick, R. and Summons, R.E. (1999) "Archaean molecular fossils and the early rise of eukaryotes", *Science* 285: 1033–1036.

［ 8 ］ Rasmussen, B., Fletcher, I.R., Brocks, J.J. and Kilburn, M.R. (2008) "Reassessing the first appearance of eukaryotes and cyanobacteria", *Nature* 455: 1101–1104.

［ 9 ］ Keightley, P.D. and Eyre-Walker, A. (2000) "Deleterious mutations and the evolution of sex", *Science* 290: 331–333.

［ 10 ］ Otto, S.P. (2009) "The evolutionary enigma of sex", *American Naturalist,* supplement 174: S1–S14.

第 10 章　性和单身的介形类

［ 1 ］ web address p134.

［ 2 ］ Neufeld, C.J. and Palmer, A.R. (2008) "Precisely proportioned: Intertidal barnacles alter penis form to suit coastal wave action", *Proceedings of the Royal Society of London*, B 275: 1081–1087.

［ 3 ］ Siveter, D.J., Sutton, M.D. and Briggs, D.E.G. (2003) "An ostracod crustacean with soft parts from the Lower Silurian", *Science* 302: 1749–1751.

［ 4 ］ 加勒比介形类：Morin, J. and Cohen , A. (2010) "It's all about sex: Bioluminescent courtship displays, morphological variation and sexual selection in two new genera of Caribbean ostracodes", *Journal of Crustacean Biology* 30: 56–67。

［ 5 ］ 盲蛛化石：Dunlop, J.A., Anderson, L.I., Kerp, H. and Hass, H. (2003) "Palaeontology: Preserved organs of Devonian harvestmen", *Nature* 425: 916。

[6] Buzato, B.A. and Macjado, G. (2009) "Amphisexual care in *Acutisoma proximum* (Arachnida, Opiliones), a neotropical harvestman", *Insectes Sociaux* 56; Mora, G. (1990) Paternal care in a neotropical harvestman, *Zygopachylus albomarginis* (Archanida, Opiliones: Gonyleptidae)", *Animal Behavior* 39: 582–593.

[7] Birkhead, T. (2000) *Promiscuity: An evolutionary history of sperm competition.* Harvard University Press; Windybank, S. (1991) *Wild Sex: Way beyond the birds and the bees*, Reed Books, Australia, St Martin's Press, New York.

[8] Rezáč, M. (2009) "The spider *Harpactea sadistica*: Co-evolution of traumatic insemination and complex female genital morphology in spiders", *Proceedings of the Royal Society B*, 276 (1668): 2697–2701.

第 11 章　海滩上的浪漫

[1] Thompson, W.F. (1919) "The *spawning of the grunion (Leuresthes tenuis)*", *Californian Fish and Game* 5: 1–27; Jordan, D.S. (1926) "The habits of the grunion", *Science* 63: 454; Mercieca, A., and Miller', R.C. (1969) "The spawning of the grunion", *Pacific Discovery* 22: 26–27; Jordan 1926 and Mercaia and www.youtube.com/watch?v=B9h1tR42QYA.

[2] Niedźwiedzki, G., Szrek, K., Narkiewicz, P., Narkiewicz, M. and Ahlberg, P.E. (2010). "Tetrapod trackways from the early Middle Devonian period of Poland" *Nature* 463: 43–48.

[3] Shubin, N. (2008) *Your inner fish: A journey into the 3.5 billion year history of the human body*, Penguin, London.

[4] Clack, J.A. and Finney, S.M. (2005) "*Pederpes finneyae*, an articulated tetrapod from the Tournaisian of Western Scotland", *Journal of Systematic Palaeontology* 2: 311–346.

[5] Stephenson, B. and Verrell, P. (2006) "Courtship and mating of the tailed frog (*Ascaphus truei*)", *Journal of Zoology* 259: 15–22.

[6] www.flickr.com/photos/21670394@N07/4510803394/.

[7] Hayes, T.B., Khoury, V., Narayan, A., Nazir, M., Park, A., Brown, T., Adame, L., Chan, E., Buchholz, D., Stueve, T., and Gallipeau, S. (2010) "Atrazine induces complete feminization and chemical castration in male African clawed frogs (*Xenopus laevis*)", *Proceedings of the National Academy of Sciences*

107: 4612–4617.

［ 8 ］ Wake, M. (1988) "Cartilage in the cloaca: Phallodeal spicules in caecilians (Amphibia: Gymnophiona)", *Journal of Morphology* 237: 177–186.

第 12 章　恐龙的性爱及其他"重量级"发现

［ 1 ］ Plot, R. (1667) *Natural History of Oxfordshire*, Leon Lichfield, London.

［ 2 ］ Fritz, S. (1998) *"Tyrannosaurus* sex: A love tail", *Omni*, February: 64–69.

［ 3 ］ dinosaurs.about.com/od/ dailylifeofadinosaur/a/dinomating.htm.

［ 4 ］ news.bbc.co.uk/2/hi/asia-pacific/7850975.stm; news.bbc.co.uk/1/hi/world/asia-pacific/7850975.stm.

［ 5 ］ Bull, M.C., Cooper, S.J.B., Baghurst, B.C. (1998) "Social monogamy and extra-pair fertilization in an Australian lizard, *Tiliqua rugosa*", *J. Behavioral Ecology and Sociobiology* 44 (1): 63–72.

［ 6 ］ Shine, R., Phillips, B., Waye, H., LeMaster, M., Mason R.T. (2001) "Benefits of female mimicry to snakes", *Nature*, 414: 267.

［ 7 ］ Kelly, D.A. (2004) "Turtle and mammal penis designs are anatomically convergent", *Proceedings of the Royal Society of London B* (Supplement) DOI 10.1098/rebl.2004.0161; Jones, Frederic Wood (1915) "The Chelonian Type of Genitalia", *Journal of Anatomical Physiology*, July, 49 (Pt 4): 393–406.

［ 8 ］ Grubb, P. (1971) "The growth, ecology and population structure of giant tortoises on Aldabra", *Philosophical Transactions of the Royal Society of London*, Series B, Biological Sciences, vol. 260, no. 836, A Discussion on the Results of the Royal Society Expedition to Aldabra 1967–68: 327–372.

［ 9 ］ Maxwell, E. and Caldwell, M. (2003) "First record of live birth in Cretaceous ichthyosaurs: closing an 80 million year gap", *Proceedings of the Royal Society of London B* (Supplement) 270: S104–S107; Cheng, Y.-N., Wu, X., and Ji, Q. (2004) "Triassic marine reptiles gave birth to live young", *Nature* 432: 383–386.

［ 10 ］ Watts, P.C., Buley, K.R., Sandserson, S., Boardman, W., Ciofi , C. and Gibson, R. (2006) "Parthogenesis in Komodo dragons", *Nature* 444: 1021–1022.

［ 11 ］ Amelfi , C. (2005) "Tyrannosaurus sex", *Cosmos* 4.

［ 12 ］ Rothschild, B.M. and Berman, D.S. (1991) "Fusion of caudal vertebrae in Late Jurassic sauropods", *Journal of Vertebrate Paleontology* 11: 29–36.

［13］ Sato, T., Cheneg, Y, Wu, X. M, Zelenitsky, D.W. and Hsiao, Y. (2005), "A pair of shelled eggs inside a female dinosaur", *Science* 308: 375.

［14］ Chiappe, L.M. (2007). *Glorified dinosaurs — The origin and early evolution of birds*, Wiley & Sons, New Jersey, USA; Long, J.A. and Schouten, P. (2008) *Feathered Dinosaurs: The origin of birds*, CSIRO Publishing, Melbourne.

［15］ Bolwig, N. (1973) "Agonistic and sexual behavior of the African ostrich (Struthio cemelus)", *The Condor* 75: 100–105; Sauer, E.G. (1972) "Aberrant sexual behavior in the South African ostrich", *The Auk*, 89: 717–737

［16］ Driscoll. E.V. (2008) "Bisexual species", *Scientific American Mind*, June/July: 68–74. For other examples of avian homosexual behavior, Poiani, A. (2010) *Animal Homosexuality: A biosocial perspective*, Cambridge University Press.

第 13 章　我们不过是哺乳类

［1］ www.aolradioblog.com/2010/09/11/100-worst-songs-ever-part-three-of-five.

［2］ Kelly, D.A. (2007) "Penises as variable-volume hydrostatic skeletons", *Annals of the New York Academy of Sciences* 1101: 453–463.

［3］ Mollineau, W., Adogwa, A., Jasper, N., Young, K. and Garcia, G. (2006) "The gross anatomy of the male reproductive system of a Neotropical rodent the Agouti (*Dasyprota leporina*)", *Anatomia Histologia Embryologia* 35: 47–52; Todd, R. (1852) *Cyclopaedia of anatomy and physiology*, Vol. Ⅳ , Longman, Brown, Green and Longmans, London.

［4］ Lidicker Jr, W.Z., (1968) "A phylogeny of New Guinea rodent genera based on phallic morphology", *Journal of Mammalogy* 49: 609–643.

［5］ Eberhard, W.G. (1985) *Sexual selection and animal genitalia*, Harvard University Press, Cambridge, USA.; Hoskin, D.J. and Stockley, P. (2004) "Sexual selection and genital evolution", *Trends in Ecology and Evolution* 19: 87–93.

［6］ Koenigswald, W. von (1979) "Ein Lemurenrest aus dem eozänen Ölschiefer der Grube Messel bei Darmstadt", *Palaontologische Zeitschrift* 53: 63–76; Dixson, A.F. (1987) "Baculum length and copulation behavior in primates", *American Journal of Primatology* 13: 51–60; Dixson, A.F. 1987.

［7］ Morrow, G., Anderson, N.A. and Nicol, S.C. (2010) "Reproductive strategies of the short-beaked echidna: A review with new data from a long-term study on the Tasmanian subspecies (*Tachyglossus aculeatus setosus*)", *Australian Journal of Zoology* 54: 274–282.

[8] Driscoll. E.V. (2008) "Bisexual species", *Scientific American Mind*, June/July: 68–74.

[9] Feigea, S., Nilsson, K., Clive, J.C., Phillips, C.J.C. and Johnston, S.D. (2007) "Heterosexual and homosexual behavior and vocalisations in captive female koalas (*Phascolarctos cinereus*)", *Applied Animal Behavior Science* 103: 131–145.; and Karen Nilsson, Lone Pine Koala Sanctuary, Brisbane, personal communication.

[10] Tan, M., Jones, G., Zhu, G., Ye, J., Hong, T., Zhou, S., Zhang, S. and Zhang, L. (2009) "Fellatio by fruit bats increases copulation time", *Plos One* October, 4 (10) e7595: 1–5.

[11] Francis, C.M., Edythe, A.L.P., Brunton, J.A. and Kunz, T.H. (1994) "Lactation in male fruit bats", *Nature* 367: 691–692.

[12] Cuhna, G., Wang, Y., Place, N.J., Lui, W., Baskin, L. and Glickman, S.E. (2003) "Urogential system of the spotted hyena (*Crocuta crocuta erxleben*): A functional histological study", *Journal of Morphology* 256: 205–218.

[13] Diamond, J. (1997) *Why is Sex Fun?: The evolution of human sexuality*, Basic Books, New York; Ryan, C. and Jetha, C. (2010) *Sex at Dawn: The prehistoric origins of modern sexuality*, HarperCollins, New York.

[14] Ponce de Leon, M.S., Golovanova, L., Vladimir Doronichev, V., Romanova, G., Akazawa, T., Kondo, O., Ishida, H. & Zollikofer, C.P.E. (2008) *Proceedings of the National Academy of Sciences* 105 (37): 13764–13768.

[15] McLean, Cory Y., Reno, Philip L., Pollen, Alex A., Bassan, Abraham I, Capellini, Terence D., Guenther, Catherine, Indjeian, Vahan B., Xinhong Lim, Menke, Douglas B., Schaar, Bruce T., Wenger, Aaron M., Bejerano, Gill, and Kingsley, David M. (2011) "Human-specific loss of regulatory DNA and the evolution of human-specific traits", *Nature* 471:216–219.

[16] Palagi, E., Paoli, T. and Tarli, S.B. (2004) "Reconciliation and consolation in captive bonobos (*Pan paniscus*)", *American Journal of Primatology* 62: 15–30.

[17] in De Waal, F. (1995) "Bonobo sex and society", *Scientific American* 272 (3).

[18] Chevalier-Skolnikoff , S. (1976) "Homosexual behavior in a laboratory group

of stumptail monkeys (*Macaca arctoides*): Forms, contexts, and possible social functions", *Archives of Sexual Behavior* 5: 1–17.

[19] Poiani, A. (2010) *Animal homosexuality: A biosocial perspective*, Cambridge University Press, Melbourne.

[20] Ellis, H.H. (1927) "Studies in the psychology of sex", 见古滕贝格项目, www.gutenberg.org/ files/13610/13610-h/13610-h.htm。

第 14 章　精子战争：化石无法告诉我们的那些事

[1] *The science of sex*, Basic Books.

[2] Birkhead, T.R., Moore, H.D.M. and Bedford, J.M. (1997) "Sex, science and sensationalism", *TREE* 12: 121–122.

[3] Waage, J.K. (1992) "Dual function of the damsel fly penis: Sperm removal and transfer", *Science* 203: 916–918.

[4] Price, C.S.C., Dyer, K.A. and Coynes, J.A. (1999) "Sperm competition between Drosophila males involves both displacement and incapacitation", *Nature* 400: 449–451.

[5] (Lake Tanganyika) 慈鲷: Fitzpatrick, J.L., Montgomerie, R., Desjardins, J.K., Stiver, K.A. and Balshine, S. (2009), "Female promiscuity promotes the evolution of faster sperm in cichlid fishes", *Proceedings of the National Academy of Sciences* 106: 1128–1132。

[6] Birkhead, T. (2000) *Promiscuity: An evolutionary history of sperm competition*, Harvard University Press; van Drimmelen, C.G. (1946) " 'Sperm nests' in the oviduct of the domestic hen", *Journal of the South African Veterinary Medical Association*, 17: 42–52.

[7] Pryke, S.R., Rollins, L.A. and Griffiths, S.C. (2010) "Females use multiple mating and genetically loaded sperm competition to target compatible genes", *Science* 329: 964–967.

[8] Birkhead, T.R. and Møller. A.P. (eds) (1998) *Sperm Competition and Sexual Selection*, Academic Press, London.

[9] Hartung, T.G. and Dewsbury, D.A. (1978) "A comparative analysis of the copulatory plugs in muroid rodents and their relationship to copulatory behavior", *Journal of Mammalogy* 59: 717–723; Randall, J.A. (1991) "Mating strategies of a nocturnal desert rodent (*Dipodys spectabilis*)", *Behavioral*

Ecology and Sociobiology 28: 215–220; Mollineau, W., Adogwa, A., Jasper, N., Young, K. and Garcia, G. (2006) "The gross anatomy of the male reproductive system of a neotropical rodent, the agouti (*Dasyprota leporina*)", *Anatomia Histologia Embryologia* 35: 47–52.

[10] del Barco-Trillo, J. and Ferkin, M. H. (2004) "Male mammals respond to a risk of sperm competition conveyed by odours of conspecific males", *Nature* 431: 446–449.

[11] Anderson, M.J. and Dixson, A.F. (2002) "Motility and the midpiece in primates", *Nature* 416: 496.

[12] Baker, R.R and Bellis, M.A. (1993) "Human sperm competition: Ejaculate manipulation by females and afunction for the female orgasm", *Animal Behavior* 46: 887–909.

[13] Gallup Jr, G.C., Burch, R. and Berens Mitchell, T.J. (2006) "Semen displacement as a sperm competition strategy", *Human Nature* 17: 253–264.

[14] Goetz, A.T., Shackleford, T.K., Weekes-Shackleford, V.A., Euler, H.A., Hoier, S., Schmitt, D.P. and LamUnyon, C. (2004) "Mate retention, semen displacement, and human sperm competition: A preliminary investigation of tactics to prevent and correct female infidelity", *Personality and Individual Differences* 38: 749–763.

[15] Simmons, L.W., Firman, R.C., Rhodes, G. and Peter, M. (2004) "Human sperm competition: Testis size, sperm production and rates of extrapair copulations", *Animal Behavior* 68: 297–302.

第 15 章 从鳍脚到阴茎：我们走过了漫长的旅程

[1] Dennett, D. (1995) *Darwin's Dangerous Idea: Evolution and the meaning of life*, Simon & Schuster, New York.

[2] Watson, P. (2000) *A Terrible Beauty: The people and ideas that shaped the modern mind*, Phoenix, London.

[3] Tallack, P. (ed.) (2003) *The Science Book*, Weidenfeld & Nicolson, UK.

[4] Shubin, N. (2008) *Your Inner Fish: A journey into the 3.5 billion year history of the human body*, Penguin, London; Dahn, R.D., Davis, M.C, Pappano, W.N. and Shubin, N.H. (2007) "Sonic hedgehog function in chondrichthyan fins and the evolution of appendage patterning", *Nature* 445: 311–314.

［ 5 ］ www.armi.org.au/About_Us/Staff/Catherine_ Anne_Boisvert.aspx.

［ 6 ］ www.armi.org.au/.

［ 7 ］ Freitas, R., Zhang, G. and Cohn, M. (2007) "Biphasic Hoxd gene expression in shark paired fins reveals and ancient origin of the diatl limb domain", *Plos One* 2(8): e754. doi:10.1371/journal.pone.0000754.

［ 8 ］ Cohn, M. (2004) "Developmental genetics of the external genitalia", *Advances in Experimental Medicine and Biology* 545: 149–157.

［ 9 ］ Skinner, A. and Lee M.S Y. (2009) "Body-form evolution in the scincid lizard *Lerista* and the mode of macroevolutionary transitions", *Evolutionary Biology* 36: 292–300.

结语：生物学最大的谜团

［ 1 ］ 见 Kenny, A. (2007) *Medieval Philosophy*, Oxford University Press, USA.

［ 2 ］ Pinto-Correia, C. (1997) *The ovary of Eve: Egg and sperm and preformation*, University of Chicago Press, USA.

致　谢

　　首先，我要真诚地感谢一起完成有关早期鱼类繁殖一系列文章的亲密同事和其他共同作者：扬、特里纳伊斯蒂奇、森登、约翰松和阿尔贝里，感谢他们启发性的工作、许多对我有帮助的讨论，以及他们想法的分享。

　　感谢以下人员为本书提供了有用的信息和引证，有时候还引导我了解了更深入的资料：伯克黑德、波亚尼、斯维特（D. Siveter）、邓洛普、休斯（H. D. Sues）。

　　感谢恰佩、弗兰纳里（T. Flannery）、戴蒙德、B. 布朗（B. Brown）、R. 威廉斯、阿马尔菲和谢默尔（M. Shermer），他们阅读了各章的草稿（有些人是整本书），并且给我提供了有用的反馈及评论。

　　感谢麦克拉肯、邓洛普、特里纳伊斯蒂奇、扬、森登、科恩[*]、弗

---

* Marty Cohn 可能是将 Martin Cohn 写错。——译者注

雷塔斯、斯维特、恰佩、夏因、伍兹、波尔和洛杉矶自然历史博物馆（Natural History Museum of Los Angeles County）为我提供了图片上的帮助。

感谢墨尔本维多利亚博物馆（Museum Victoria）的 P. 格林（Patrick Greene）和赫斯特，支持我的研究以及 2005 和 2008 年我在戈戈（Gogo）地区的野外工作。感谢我的同事哈彻、诺萨尔（M. Nossal）、苏柏恩（B. Choo）、卡尔基（M. Karkeek）和森登，他们在我 2005 年戈戈地区的野外工作中给我提供了帮助。感谢 Reel Images 影视公司的库尔曼（A. Kuhlman）为我们的发现制作了动画。感谢威利斯（P. Willis）的演讲，那时我们在豪伊特山（Mt Howitt）进行野外工作，并正在配合 ABC 电视台拍摄影视作品。

感谢伦敦自然历史博物馆的约翰松、斯德哥尔摩自然历史博物馆（Natural History Museum, Stockholm）韦德林（L. Werdelin）和莫瑞斯（T. Morrs）、珀斯的西澳大利亚博物馆的西韦松（M. Siverson），因为他们，我才得以在做研究时接触这些博物馆的馆藏标本。

诚挚地感谢菲茨罗伊克罗辛（Fitzroy Crossing）地区的原住民，尤其是肖尔（L. Shore）、玛丽安娜（Maryanne）和多比尔（L. Dolby），他们允许我在帕迪斯山谷（Paddys Valley）进行工作，并有权分享这里的壮丽景观。由衷地感谢格朗（D. Grant），感谢他的全力支持，使我得以在戈戈牧场开展工作。

致使那条母鱼能够被发现的大部分研究，由澳大利亚研究理事会（Australian Research Council）的 3 项发现补助金所资助；1986 和 1987 年在戈戈地区的野外工作，则来自国家地理协会（National Geographic Society）一项重要的资助，这让我们得以发现带有 3 个胚胎的南方褶齿鱼（*Austroptyctodus*）。

　　我还要感谢我的代理人 M. 吉（M. Gee），感谢她对我不断的鼓励与信任。我也要感谢我的出版商里克曼斯（J. Ryckmans）和澳大利亚哈珀–科林斯出版团队的支持。

　　最后，我衷心地感谢我亲爱的妻子——希瑟。她容忍并支持着我熬过了一个个夜晚和因写作与研究而失去的周末。她还细致地编辑、评论了我这本书的初稿。

译后记

　　第一次见到朗（J. Long）是在 2006 年北京召开的国际古生物大会（IPC）上。那时还是研究生的我，负责去机场帮助接待我们的澳大利亚同行。当时网络还没这么发达，又没有他的照片，也没见过他本人。为确保万无一失，我想了个办法，把他 1997 年写的《戈戈鼻鱼》（*Gogonasus*，也是在澳大利亚戈戈组发现的唯一一种原始四足形肉鳍鱼类）专著的封面打印出来，下面写上他的名字，带去了机场。我还记得他当时戴着一顶有澳大利亚风格的牛仔帽，穿着格子衬衣，和后来我在澳大利亚国立大学的博士后合作导师扬（G. Young）一起走出来。两人几乎是同时看到了画着戈戈鼻鱼鱼头的"接机牌"，就这样我们"确认了眼神"，不费任何力气就在第一时间接上了头。

　　我刚读硕士就开始研究四足形类肉鳍鱼，后来知道，朗读博士就是在澳大利亚国立大学师从著名古生物学家坎贝尔（K. Campbell）做四足形肉鳍鱼类研究，而戈戈鼻鱼就是其中之一。我读了朗的很多论文与著作，见到真人觉得非常亲切。那一届 IPC 会议是我第一次参加的国际学术会议，也是第一次接触和认识了那么多的同行。有书里面提到的来自瑞典的阿尔贝里（P. Ahlberg）教授和他的博士生布瓦韦尔（C. Boisvert），来自美国的科特斯（M. Coates）教授和当时还是他的研究生的弗里德曼（M. Friedman，现为密歇根大学博物馆馆长）。在所有报告中，我印象最深的是朗关于戈戈鼻鱼的新研究：他们用 CT 扫描了戈戈鼻鱼的内颅后，以酷炫的动画方式展示了这条古鱼脑袋里藏着的四足形肉鳍鱼类脑腔的典型特征。大概几个月后，《自然》杂志发表了他们的这项研究成果。一年后，我和现在的同事乔妥，在朱敏老师带领下来到了墨尔本参加朗组织的脊椎动物演化、古生物与系统学大会（CVEPS），之后几乎每年我们都会在不同的学术场合见面。我关于最古老的四足形肉鳍鱼类——奇异东生鱼的论文，也邀请了朗作为合作者一起完成。和朗变成熟人后，我了解到他写过很多科普书籍，从恐龙到早期鱼类都有。尤为难得的是，他作为内行，写了很多不那么"热门"的早期鱼类科普，其中还穿插了很多有关研究历史以及研究人员的故事。每当在书里发现熟悉的名字时，就不禁会心一笑。从那时起，就打算把朗的科普介绍给国内读者。

　　大概正是在我认识朗的那几年，他和他的团队开始重点研究早期脊椎动物的性与生殖。2008 年起，他们连续在《自然》上发表了好几篇重要论文，分别发现了早期有颌鱼类——盾皮鱼的胎生、体内受精和交接器构造的化石证据。朗是典型的快手型作家，很快他的相关科普书已经写出来了，就是这本《性的起源与演化——古生物学家对生命繁衍的探索》，澳大利亚版本叫作 *Hung like an Argentine Duck*。它在国外非常畅销。翻译这本书的缘起是在 2018 年初，我当时去朗所在的阿德莱德弗林德斯大学，访问他和其他同事。某次聊天的时候，朗提到了他的另一本讲早期鱼类的书有中国出版社想要引进，他想推荐我来翻译那本书。那天我们特别激动，聊了很多，包括以后怎么联合将中澳的古生物研究故事和成果都写成书的"宏图伟业"。再后来就聊到了《性的起源与演化》，朗说这本是他最畅销的书，非常期待能看到中文版出来。如果有出版社愿意引进的话，他甚至可以无偿多写一章，把在第二版中没能包括进去的最新研究成果全都写进去（即我们现在读到的第 8 章）。激动中，我马上联系了上海科学技术出版社的季英明编辑，还把样书发给了季编辑。

可惜的是，后来才知道朗最初想由我翻译的那本书，国内出版社找了非相关专业人员翻译。再加上我们都实在太忙，很快把出书译书的宏图伟业忘到脑后。直到 2019 年的某天，季编辑给了我一条消息，说出版社买下了《性的起源与演化》一书版权，希望我们来翻译。我立刻联系了朗，他非常开心，说他会赶紧再写一章加进来。古脊椎所的几位研究生也欣然接下了翻译任务。2019 年 8 月，我们在云南曲靖组织了国际早期脊椎动物研讨会，作为四年一届、早期脊椎动物方向最大规模的研讨会，朗是一定会来参加的。所以我们和朗约好，在开会的时候专门找一个晚上来聊这本书。那天朗喝着啤酒，给译者们详细解答了翻译中的疑惑，也讲了很多有趣的背景故事。这是一件特别棒的事情，它的意义远远超出了翻译本身。这里面不只有单纯的翻译，更有学术的碰撞和学者间的交流，特别是使几位年轻人对自己所在领域有了更深层次的了解。我想这也是当初我们的想法和动机，由同一研究领域的我们来翻译同行的科普书，在翻译和审订的过程中，还可以结合自己的研究工作，了解、总结和思考，这是很难得的机会。

　　《性的起源与演化》不是一本博噱头的书，书里面当然有很多很直白的解剖学术语和行为描述，但读完全书后我们会了解：从生命诞生之初到现在，性和生物体本身一样，是在不断演化的。生命争取传承自身以及繁衍种群的趋势，是地球生命和环境复杂系统演变的原初机制之一。人类的情、爱、性与人类自身以及熟悉的其他事物一样，也都是宏大演化的产物。对过去几十亿年生命历史的了解，可以对"问世间情为何物"的古老问题给出一些虽无直接指导意义、但确为科学事实的答案。

卢　静

2020 年 5 月于北京

彩图 1 阿根廷湖鸭（*Oxyura vittata*）有着所有脊椎动物中相对于身体大小而言最长的阴茎，图中这只湖鸭的阴茎长度为 1.32 英尺（42.5 厘米）长。[阿拉斯加的麦克拉肯（K. McCracken）博士供图]

彩图 2 2008 年作者在西澳大利亚北部戈戈化石点的照片　地面上这些圆形灰岩结核中的部分结核，含有鱼化石。[P. 朗（P. Long）供图]

彩图 3 一头成年的加利福尼亚灰鲸（*Eschrichtius robustus*）在墨西哥圣伊格纳西奥湖中展示自己的阴茎。[© 诺兰（M. S. Nolan/SeaPics.com）]

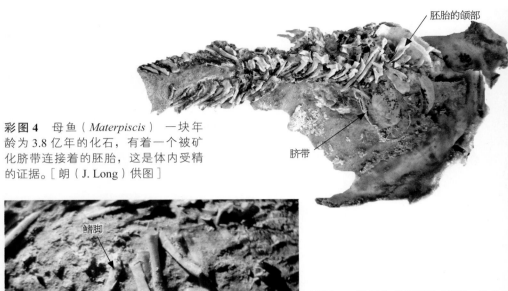

彩图 4 母鱼（*Materpiscis*） 一块年龄为 3.8 亿年的化石，有着一个被矿化脐带连接着的胚胎，这是体内受精的证据。［朗（J. Long）供图］

胚胎的颌部

脐带

鳍脚

彩图 5 槽甲鱼的腰带和鳍脚 这条节颈鱼（一种盾皮鱼）来自戈戈。长长的鳍基软骨末端生有鳍脚（箭头所指为其鳍脚）。（朗供图）

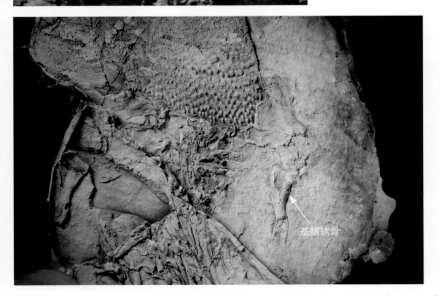

基鳍软骨

彩图 6 一块来自维多利亚的南方叶鳞鱼化石（*Austrophyllolepis*） 图中展示了它的长腰带（基鳍软骨），这表明它们会进行交配（箭头所指为其性器官）。（朗供图）

鳍脚

彩图7 一条来自戈戈的雄性褶齿鱼——坎贝尔鱼（*Campbellodus*）展示出着生在腹鳍上的鳍脚（箭头标识的是它的繁殖器官）。（朗供图）

彩图8 美国佛罗里达群岛一对交配中的铰口鲨 鲨鱼和鳐鱼中的雄性都是通过鳍脚来交配的。〔图片来源©JeffreyC.Carrier/SeaPics.com〕

彩图9 从这条雌性鼬鲨的身侧能看到交配所留下的伤痕。

彩图 10 小银鱼抢滩 辐鳍鱼的一场交配狂欢节，它们会在夏天满月之时大规模产卵。

彩图 11 CT 扫描图片展示了一个令人惊叹的化石 一只 4.25 亿年前的双瓣甲壳动物（介形虫）保存了生殖器（箭头所示），它被小报戏称为"世界上最古老的阴茎"。

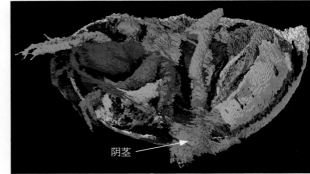

阴茎

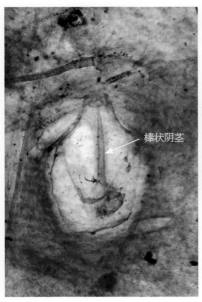

棒状阴茎

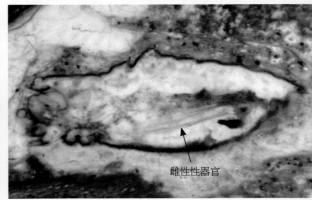

雌性性器官

彩图 12 4.1 亿年前的盲蛛雄性（左）和雌性（上）生殖器 化石来自苏格兰莱尼燧石。

彩图 13 （左上）两个蓝背臭虫进行创伤性交配，雄性将其阴茎粗暴地插入雌性体内。

彩图 14 （上）雌螳螂与配偶交配并吃掉他。雄性被吃掉的行为显然会导致其在最后时刻排出更多精子。

彩图 15 （左）蜻蜓是最先被研究表明雄性在给雌性授精的同时可以去除之前雄性精子的动物之一。

阳茎

彩图 16 一种 4 200 万年前的捻翅目昆虫——第三门格虫，保存于琥珀中，显示了这种昆虫的阳茎（昆虫阴茎）。[感谢德国的波尔（H. Pohl）教授]

彩图 17 嗜尸蛇类 加拿大马尼托巴省的 4 条雄性袜带蛇在向一条死去已久变蓝了的雌性袜带蛇求爱（摩擦下巴）。［感谢夏因（R. Shine）教授］

彩图 18 加拉帕戈斯象龟的交配过程 雄性须花费几个小时且拥有一根长长的阴茎，才能够触及雌龟那被硕大龟壳挡住的泄殖腔。

彩图 19 来自堪萨斯州的 7 000 万年前的蛇颈龙 保存有胚胎，是这类动物通过交配繁殖的首例证据。（洛杉矶自然历史博物馆许可）

彩图 20　恐狼（*Canis dirus*）化石骨架　来自洛杉矶拉布雷亚化石点。这个案例中的雄性，有着明显的阴茎骨（baculum）。（朗供图，经洛杉矶 Page 博物馆许可）

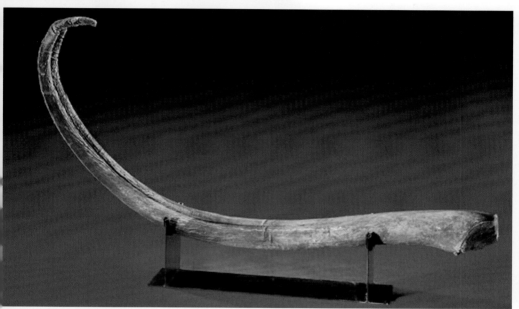

彩图 21　这根 1.2 万前的海象阴茎骨化石来自西伯利亚，长度有 140 厘米，是世界上最大的化石性器官。（© 2011 雷普利娱乐股份有限公司）

彩图 22　斑鬣狗（*Crocuta crocuta*）母亲和幼崽　鬣狗有着阴茎状的阴蒂，生产通过时会很痛苦。

彩图 23 倭黑猩猩（*Pan paniscus*）是我们最近的动物近亲，并且跟我们一样有着丰富的性行为，可用来因应社交或繁殖所需。[由伍兹（V. Woods）的《倭黑猩猩握握手》（*Bonobo Handshake*）提供]

彩图 24 图为一老鼠的胚胎，图片显示 *Hoxd*13 基因的表达，能看到生殖区域与四肢的连接。[由佛罗里达的科恩（M. Cohn）提供]